# Club des gars MC

## LE MANUEL DES
## explorateurs

PRESSES AVENTURE

Texte de Anita Ganeri
Illustrations de Dusan Pavlic
Sous la direction de Sally Pilkington
Design par Zoe Quayle

Club des gars MC

LE MANUEL DES
explorateurs

© 2010 Les Publications Modus Vivendi inc. Club des gars et les logos qui s'y rapportent sont des marques de commerce de Les Publications Modus Vivendi inc.

© 2009 Buster Books pour le texte original et les illustrations.
Illustration de la couverture : Paul Moran

Presses Aventure, une division de
**LES PUBLICATIONS MODUS VIVENDI INC.**
55, rue Jean-Talon Ouest, 2ᵉ étage
Montréal (Québec)  H2R 2W8
Canada

Publié pour la première fois en 2009 en Grande-Bretagne par Buster Books, une division de Michael O'Mara Books Limited, sous le titre : *Explorers Handbook, How to be the Best around the world*

Traduit de l'anglais par Jean-Robert Saucyer

Dépôt légal : Bibliothèque et Archives nationales du Québec, 2010
Dépôt légal : Bibliothèque et Archives Canada, 2010

ISBN 978-2-89660-080-9

Nous reconnaissons l'aide financière du gouvernement du Canada par l'entremise du Programme d'aide au développement de l'industrie de l'édition (PADIÉ) pour nos activités d'édition.

Gouvernement du Québec – Programme de crédit d'impôt
pour l'édition de livres – Gestion SODEC

**Imprimé au Canada**

# AVIS AU LECTEUR

L'auteure et l'éditeur déclinent toute responsabilité quant aux accidents pouvant survenir lors d'une activité proposée par cet ouvrage.

Tu ne dois expérimenter les techniques enseignées dans cet ouvrage que sous la supervision d'un adulte. Nous te déconseillons d'entreprendre seul l'une des activités présentées.

Respecte les consignes de sécurité et les conseils venant d'adultes responsables. Porte toujours l'équipement de sécurité approprié, n'enfreins aucune loi ni aucune règle en vigueur dans ta municipalité et respecte les autres. Enfin, le plus important, fais preuve de bon sens en tout temps, surtout quand l'activité nécessite de la chaleur ou des objets coupants.

Plus que tout, nous te conseillons vivement de faire preuve de sens commun, en particulier lorsque tu manipules du feu ou des objets tranchants, et de suivre en tout temps les consignes de sécurité et les conseils d'adultes responsables. Cela dit, il est amusant d'apprendre de nouvelles choses qui te seront peut-être utiles un jour.

# TABLE DES MATIÈRES

# PRÉPARE-TOI À PARCOURIR LE MONDE

Tu t'apprêtes à faire la plus extraordinaire des aventures et à explorer quelques-uns des endroits les plus fascinants sur terre. Tu traverseras des déserts brûlants et des terres gelées, tu escaladeras des volcans en activité et des montagnes aux neiges éternelles, tu plongeras dans des fleuves tumultueux et sous la surface des océans de la planète. Chemin faisant, tu affronteras des blizzards, tu survivras à des ouragans et tu feras la connaissance d'êtres étonnants. Il faut planifier tes expéditions à l'avance pour t'assurer qu'elles se déroulent sans problème.

## LA LISTE DES BAGAGES DE L'EXPLORATEUR

Les vêtements et le matériel que tu prendras avec toi sont en fonction de ta destination et de ce que tu projettes d'y faire lorsque tu y seras. Toutefois, que tu partes en exploration des pôles, des forêts équatoriales, des déserts ou des montagnes, les objets de première nécessité demeurent les mêmes. Il te faudra des vêtements qui te tiennent au chaud et au sec, et un abri qui te protège du vent et de la pluie. Il te faudra de la nourriture et des boissons pour assurer ta subsistance et te donner l'énergie nécessaire à l'aventure. Il est impossible de dresser la liste de tout ce qu'il te faudra pour chaque expédition, mais voici quelques conseils qui te seront utiles au moment de préparer tes bagages.

### LE MATÉRIEL ESSENTIEL

• La nourriture – une ration d'urgence qui te permettra de tenir pendant un minimum de 24 heures.

• Une bouteille d'eau et des comprimés afin de purifier l'eau – dans certains pays, l'eau du robinet n'est pas toujours bonne à boire et les catastrophes naturelles telles que les tremblements de terre et les ouragans peuvent rendre l'eau impropre à la consommation.

• Un endroit où dormir qui est sûr et chaud – une tente robuste, un sac de couchage, un réchaud de camping et des allumettes (dans un sachet imperméable) ou un briquet afin que tu puisses te détendre et apprécier un repas chaud après une longue randonnée.

• Une tenue à propos – tu n'as pas à suivre la mode, mais une bonne tenue vestimentaire contribue au plaisir de l'expédition.

• Des bottes de randonnée – les pieds sont le mode de transport le plus fiable dont un explorateur dispose; tu dois donc en prendre soin en portant des bottes de randonnée de bonne qualité.

• Une carte – il est important de savoir où tu te trouves si tu désires arriver à destination. Pour cela, il te faut une carte à jour et un compas.

• Ce livre – fais ta recherche et sois à l'affût de ce qui t'attend. C'est la meilleure façon de préparer ton expédition.

**Conseil :** En cas d'urgence, emporte dans ton sac une trousse de premiers soins, une torche électrique et des piles de rechange. Tu dois également prévenir tes proches de l'endroit où tu vas et de la date à laquelle tu dois revenir.

# APPRENDRE À DIRE « BONJOUR » PARTOUT DANS LE MONDE

Au cours de tes voyages, tu feras la connaissance de gens originaires des différentes régions du monde. Tu devras faire preuve de respect et de courtoisie à leur égard. Leurs connaissances te faciliteront les choses et pourraient même te sauver la vie.

Il est important de faire bonne impression lors d'une première rencontre et quel meilleur moyen pour saluer les gens que tu croises que de leur dire « bonjour » dans leur langue maternelle. Sois souriant, parle avec assurance et bientôt tu auras des amis dans toutes les régions du monde. Voici quelques-unes des salutations qui te seront utiles lorsque tu te trouveras dans les pays dont nous parlerons.

| | |
|---|---|
| En anglais | Hello |
| En chinois | Ni hao |
| En espagnol | Hola |
| En hawaïen | Aloha |
| En hindi | Namaste |
| En inuit (au cercle arctique) | Kutaa |
| En italien | Buon giorno |
| En japonais | Konichi wa |
| En lapon (au nord de la Norvège) | Buorre beaivvi |

En malgache (à Madagascar)        Salama

En mongol                         Sain baina uu

En norvégien                      God dag

En portugais                      Bom dia

En russe                          Zdravstvite

En swahili (au Kenya et en Tanzanie)   Jambo

En tamachek (chez les Touaregs du Sahara)   Ma d'tolahat

# SUPPORTER LE DÉCALAGE HORAIRE

À titre d'explorateur, tu parcourras de longues distances au fil de tes aventures et tu te déplaceras à pied, en bateau, à dos de chameau et aussi en avion. La Terre est divisée en segments, à la manière d'une orange, en 24 fuseaux horaires différents. Ces fuseaux horaires font que l'heure n'est pas la même partout sur terre au même moment; par exemple, lorsqu'il est midi à Londres en Angleterre, il est 23 heures à Sydney en Australie et 7 heures à Montréal au Canada.

Tes déplacements en avion te feront traverser plusieurs fuseaux horaires d'affilée et ton organisme pourrait avoir besoin de temps afin de récupérer. Entre-temps, tu pourrais te sentir las, faible et désorienté pendant une certaine période lorsque tu seras parvenu à destination. Tu pourrais te réveiller trop tôt le

matin ou avoir envie de dormir en plein jour. C'est ce qu'on appelle le décalage horaire. Voici quelques conseils afin de supporter le décalage horaire.

• Si tu te déplaces d'ouest en est, couche-toi plus tôt quelques soirs avant ton départ. Ainsi, ton organisme pourra se faire à ton éventuel fuseau horaire. Si tu te déplaces d'est en ouest, couche-toi quelques heures plus tard que d'ordinaire.

• Le jour du voyage, bois une grande quantité d'eau – avant, pendant et après le trajet en avion. La déshydratation aggrave les symptômes du décalage horaire.

• Au départ sur l'aérodrome, règle ton bracelet-montre à l'heure de ta destination. Essaie de manger et de dormir en fonction de l'heure qu'indique ta montre. Ainsi, tu seras avantagé dès le départ et tu pourras mieux te faire à ton nouvel horaire.

• Essaie de faire quelques exercices physiques au cours du vol. Promène-toi dans la cabine afin de te délier les jambes et étire tes bras et tes épaules lorsque tu es à ton fauteuil.

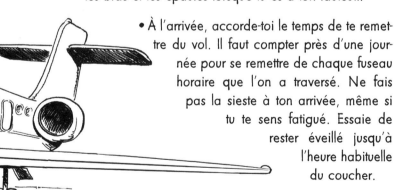

• À l'arrivée, accorde-toi le temps de te remettre du vol. Il faut compter près d'une journée pour se remettre de chaque fuseau horaire que l'on a traversé. Ne fais pas la sieste à ton arrivée, même si tu te sens fatigué. Essaie de rester éveillé jusqu'à l'heure habituelle du coucher.

# JOUER AU KABADDI EN INDE

Au bout d'une journée à te rafraîchir sur les plages de Goa, tu as besoin de faire de l'exercice. Tu prends part à une partie de kabaddi, un sport énergique qui est très populaire en Inde et également au Pakistan, en Iran, au Japon et au Bangladesh; c'est toujours bon à savoir si tu viens à passer dans ces pays.

## LES RÈGLES DU KABADDI

Une partie met en situation d'affrontement deux équipes de 12 joueurs, soit sept qui sont sur le terrain et cinq qui sont joueurs substituts. Chaque équipe s'aligne sur son côté d'un terrain qui fait 12,5 mètres sur 10 mètres (37 ½ pieds sur 30 pieds).

Une équipe passe à l'attaque. On envoie un joueur, appelé l'attaquant, sur le terrain de l'équipe adverse. La tâche de l'attaquant consiste à coller aux talons du plus grand nombre d'adversaires possible et à toucher ceux qu'il poursuit. Les joueurs ainsi touchés seront hors jeu s'ils ne parviennent pas à empêcher l'attaquant de retourner sur son terrain. La difficulté vient du fait que l'attaquant doit s'exécuter en scandant dans un seul souffle : «Kabaddi! Kabaddi! Kabaddi!» Il doit retourner

dans la zone de son équipe avant d'être à bout de souffle. Kabaddi signifie, en hindi, « retenir son souffle ».

Pendant ce temps, les défenseurs tentent d'arrêter l'attaquant. Leur tâche consiste à le retenir et à l'empêcher de réintégrer sa zone avant qu'il ne soit à bout de souffle. S'ils y parviennent, l'attaquant est hors jeu; cependant, s'ils échouent, les joueurs qu'il a touchés sont éliminés.

Pendant la partie, si quelqu'un dépasse les lignes qui marquent le périmètre du terrain ou si une région de son corps touche le sol à l'extérieur du terrain, il sera éliminé, à moins qu'il ne se débatte contre un autre joueur.

Chaque fois qu'un joueur est hors jeu, l'équipe adverse gagne un point. On accorde une prime de deux points lorsque l'ensemble de l'équipe adverse est hors jeu. Les joueurs éliminés ne peuvent revenir sur le terrain qu'au moment où leur équipe marque des points au cours d'une attaque.

Une partie compte deux périodes de 20 minutes (15 minutes si la rencontre oppose deux équipes féminines) entrecoupées d'une pause de cinq minutes. L'équipe qui accumule le plus grand nombre de points est déclarée gagnante.

**Conseil** : Le kabaddi n'est pas encore une discipline olympique, mais tu pourrais commencer à t'y entraîner en prévision des prochains Jeux asiatiques.

*Kabaddi!*
*Kabaddi!*
*Kabaddi!*
*Kaba...*

# LA CONDUITE D'UN ATTELAGE DE CHIENS SUR LA GLACE POLAIRE

Tu prends part à une expédition en Arctique chargée d'étudier les incidences du réchauffement climatique sur l'épaisseur des glaces. L'Arctique est situé au pôle Nord de la Terre et l'océan Arctique qui entoure les terres de cette région est complètement couvert de glace. C'est l'endroit tout indiqué pour découvrir si la température de la Terre est à la hausse.

En mesurant la vitesse à laquelle fond la glace, les scientifiques peuvent calculer le rythme auquel augmente la température de la Terre par suite du réchauffement climatique. Ce réchauffement est provoqué par les activités humaines qui rejettent dans l'atmosphère des gaz à effet de serre tels que le dioxyde de carbone et le méthane. Ces gaz proviennent en grande partie de la combustion des combustibles fossiles (pétrole, gaz et charbon) des centrales électriques, des manufactures et des véhicules motorisés. La moindre hausse de température peut entraîner des incidences catastrophiques dans l'Arctique et provoquer la fonte des glaces.

## MODE DE LOCOMOTION DANS L'ARCTIQUE

Afin de se déplacer sur les glaces polaires dans l'Arctique, les habitants du Grand Nord et les explorateurs se servent d'attelages conduits par des chiens. Tiriaq est ton guide inuit. Le peuple inuit est celui qui vit dans le cercle polaire arctique. Tiriaq t'enseigne à atteler les chiens à ton traîneau et à les diriger de manière à maîtriser leurs moindres mouvements. Il conduit des attelages depuis longtemps et t'explique les rudiments de la conduite d'un traîneau à chiens.

## RUDIMENTS DE LA CONDUITE D'UN TRAÎNEAU À CHIENS

**1.** Il faut prévoir entre cinq et dix chiens selon la taille du traîneau. Les huskies de Sibérie ou d'Alaska sont les plus forts, les plus robustes et leur fourrure épaisse les protège du froid.

**2.** Passe un baudrier de poitrine à chaque chien attaché au traîneau par un câble. Attelle les chiens pour faire en sorte qu'ils se déploient en éventail au moment de la course.

Ainsi, si l'un d'eux tombe dans une crevasse, il n'entraînera pas les autres dans sa chute. La bête la plus intelligente devrait mener les autres. Oui, il y a des chiens qui sont plus intelligents que d'autres.

**3.** Commence à conduire l'attelage. Tiens-toi debout à l'arrière du traîneau et crie : « Allez, hue ! » pour que les chiens commencent à courir. Au nombre des autres ordres que tu peux leur lancer, on trouve :

Hue ! (à droite)
Dia ! (à gauche)
Ho ! (arrête)

**4.** Il faut s'exercer de longues heures avant de bien maîtriser un attelage de chiens ; aussi, ne t'inquiète pas si tu tombes souvent au départ. Les chiens comprendront vite ce que tu attends d'eux. Afin d'arrêter l'attelage en cas d'urgence, tu peux toujours appuyer sur le frein mécanique qui se trouve à l'arrière du traîneau.

**Conseil :** Pour que tu deviennes un conducteur adroit, les chiens doivent te considérer comme le chef de la meute. Si tu sembles nerveux ou hésitant, les chiens seront déconcertés et ne réagiront pas à tes ordres.

# MANGER À L'AIDE DE BAGUETTES EN CHINE

Tu te promènes sur la Grande Muraille de Chine, un mur gigantesque édifié il y a plus de 2000 ans qui serpente dans les montagnes du nord de la Chine. Après une longue journée d'excursion, tu as faim; tu te rends à un restaurant du voisinage afin de manger. Indécis devant le menu, tu décides de commander un festin. En peu de temps, plusieurs plats fumants te sont servis. Les mets sont appétissants et dégagent un arôme délicieux et tu es impatient de manger, sauf que, au moment où tu t'apprêtes à saisir une fourchette et un couteau, tu ne trouves que des baguettes sur la table.

Les Chinois mangent avec des baguettes depuis des milliers d'années et ils s'en servent encore aujourd'hui, à la maison comme au restaurant. La plupart des baguettes sont faites de bois ou de bambou, ont quatre faces et une extrémité épointée qui sert à saisir les aliments. On les appelle kuai zi en chinois, ce qui signifie « saisir rapidement de petites bouchées ».

## LE MANIEMENT DES BAGUETTES

Tu décides de demander au couple assis à la table d'à côté de t'enseigner à manier les baguettes et il s'empresse de te le montrer.

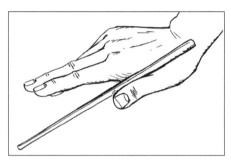

1. Passe une baguette entre ton pouce et ton index.

2. Afin qu'elle ne bouge pas, appuie-la contre le bout de ton annulaire, le quatrième doigt à partir du pouce.

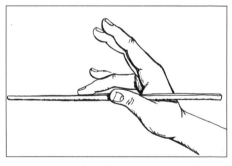

3. Saisis la seconde baguette entre les bouts de ton index et de ton majeur comme si tu tenais un crayon (regarde à la page suivante). Le bout de ton pouce empêche la seconde baguette de bouger.

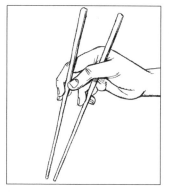

**4.** Afin de saisir les aliments, sers-toi des baguettes comme si elles étaient des pinces. Pour y parvenir, évite de faire bouger la baguette appuyée contre ton pouce et ne remue que l'autre, à l'aide du bout de ton pouce et de ton index.

**Conseil :** Dans la mesure du possible, essaie d'employer des baguettes réutilisables ou recyclables. Seulement en Chine, on fabrique chaque année près de 45 milliards de paires de baguettes de bois, soit l'équivalent de 25 millions d'arbres.

## LES BONNES MANIÈRES À TABLE

Le couple te prévient cependant qu'il y a quelques règles à observer lorsqu'on manipule des baguettes en public; alors, tu écoutes attentivement.

• On n'emploie jamais de baguettes pour faire passer des aliments d'un convive à l'autre, à moins que quelqu'un ait du mal à se servir.

• On n'emploie jamais de baguettes afin de piquer des aliments. Les mets chinois sont d'ordinaire découpés en bouchées, ce qui facilite leur manipulation.

• On ne lèche jamais ses baguettes à table.

• On n'agite jamais ses baguettes alors que l'on raconte une histoire; ce geste serait contraire aux bienséances.

• Entre deux bouchées, pose tes baguettes à côté de ton bol, les pointes sur le petit appui, pour éviter de salir la table.

# LA DESCENTE DES CHUTES NIAGARA

Tu évalues le rythme de l'érosion du sol le long des rives de la rivière Niagara, au-dessus de la chute en croissant qui alimente les chutes à la frontière entre le Canada et les États-Unis.

## LA FORMATION DES CHUTES

Les chutes Niagara sont les plus hautes en Amérique du Nord. Elles ont été formées lors du glissement vers le nord d'immenses glaciers qui ont laissé un gigantesque chaînon à la surface terrestre il y a près de 12 000 ans; ainsi, les eaux du lac Érié peuvent s'écouler par ce talus abrupt appelé l'escarpement de Niagara.

L'eau est poussée par-dessus ce chaînon avec une puissance telle que le sol de l'escarpement s'érode avec régularité, ce qui provoque le détachement d'imposants fragments de roche qui dérivent en aval de la rivière. Ta mission consiste à surveiller le rythme de l'érosion du sol afin d'aider les spécialistes à la freiner.

Malheureusement, tu es effrayé par ce que tu penses être les pas d'un grizzly, tu trébuches et tu tombes dans le torrent déchaîné. En moins de deux, tu es entraîné à toute vitesse vers le précipice. Les chutes Niagara ne sont peut-être pas les plus hautes du monde, mais leurs eaux froides se jettent dans un vide abyssal et vont se fracasser contre des falaises abruptes. Si tu espères survivre à cet incident, tu dois conserver ton sang-froid.

## CONSEILS DE SURVIE

En 1901, une enseignante états-unienne, Anna Edson Taylor, alors âgée de 63 ans, s'est nichée à l'intérieur d'un tonneau auquel elle était retenue par des courroies et s'est jetée à l'eau. Étonnamment, elle a survécu à l'aventure sans blessures graves, elle n'a eu que quelques coupures et ecchymoses. Toutefois, sans un tonneau et sans les conseils qui suivent, tu auras peu de chances de t'en sortir indemne.

• Jette-toi à l'eau. Juste avant d'être emporté par les chutes, élance-toi afin de glisser à la surface de l'eau. Ainsi, tu ne resteras pas prisonnier derrière le mur d'eau et tu ne manqueras pas d'air.

• La méthode la plus sûre consiste à présenter les pieds en premier et à lever les mains au-dessus de la tête. Presse tes pieds l'un contre l'autre et raidis le torse comme si tu étais au garde-à-vous. Couvre ta tête de tes bras afin de la protéger.

• Prends une profonde inspiration avant d'atteindre le pied de la chute et commence à nager aussitôt que tu touches l'eau. Au pied de la chute en croissant, l'eau fait 56 mètres (17 pieds) de profondeur, c.-à-d. davantage que la hauteur du torrent. Le fait de nager t'empêchera de trop t'enfoncer sous l'eau et t'éloignera de la chute pour te conduire en eau plus sûre.

Heureusement pour toi, tu es tombé dans celle des deux chutes qui est quelque peu moins dangereuse que l'autre. Du côté états-unien, la pente est moins élevée (elle fait 21 mètres [ou 6 ½ pieds] au lieu de 53 mètres [16 pieds]), mais l'eau se fracasse au pied de la chute contre un éperon rocheux né d'un glissement de terrain. Celui-ci est provoqué par l'érosion du sol, qui fait l'objet de ton étude. L'atterrissage ne s'y ferait pas en douce.

## MISE EN GARDE

Ne tente jamais de te jeter volontairement dans les chutes Niagara. Tes chances de survie seraient minces et tu ne pourrais plus explorer les autres régions du monde.

# PROMENADE À DOS DE CHAMEAU DANS LE SAHARA

Pfff! Tu te trouves dans la chaleur accablante du désert du Sahara, une mer de sable et de roches qui s'étend sur l'Afrique du Nord. Le mercure atteint 54 °C (134 °F) et tu as si soif que tu pourrais boire toute l'eau d'une piscine. Le désert du Sahara occupe une superficie de près de 9 000 000 de kilomètres carrés (3 475 000 milles carrés) et ta mission consiste à le traverser sans mourir de chaleur, de soif ou de fatigue.

## MODE DE TRANSPORT DU DÉSERT

Par chance, un groupe de Touaregs passe sur ta route et a pitié de toi. Les Touaregs appartiennent à un peuple nomade, c.-à-d. qu'ils se déplacent d'un endroit à l'autre dans le désert. Ils le connaissent comme le fond de leur poche. Un jeune garçon prénommé Azzad se présente et t'invite gentiment à les accompagner. Il te propose même de faire le voyage à dos de chameau.

Les chameaux sont de loin le meilleur mode de transport qui soit dans le désert. Ils sont très bien adaptés aux conditions éprouvantes qui y règnent et peuvent se passer de nourriture et d'eau pendant de nombreux jours. Ils peuvent transporter des charges lourdes (telles que tes bagages et toi) sur des centaines de kilomètres sans se fatiguer. Malheureusement pour toi, ce chameau ne semble pas ravi à l'idée de te faire monter sur son dos.

Azzad sent ta nervosité, aussi te propose-t-il de te donner un cours sur la conduite d'un chameau avant que tu n'entreprennes le périple. En fait, tu conduiras un dromadaire qui n'a qu'une seule bosse. Ce sont les chameaux de Bactriane qui ont deux bosses et on les trouve plutôt dans le désert de Gobi et dans les steppes asiatiques de la Russie à la Chine.

## PÉRIODE D'ENTRAÎNEMENT DANS LE DÉSERT

**1.** Monte sur le chameau alors qu'il est couché. Tiens-toi sur une jambe et passe l'autre au-dessus de la bosse. Assure-toi que tu regarderas dans la même direction que la bête lorsque tu seras assis. Assieds-toi comme il se doit sur la selle.

**2.** Afin que le chameau se lève, saisis les rênes et lance « debout! debout! » Tu auras l'impression de chavirer au moment où le chameau fera un mouvement brusque en avant, puis en arrière. Assieds-toi solidement sur la selle et tu ne feras pas de chute.

**3.** Montre-lui qui est le maître en tenant les rênes fermement, mais sans tirer brusquement et sans saccade. Les chameaux sont des bêtes intelligentes qui sentent qu'un cavalier est nerveux ou effrayé.

**4.** Lorsque tu désires arrêter et descendre, lance-lui « kouch! kouch! » pour lui demander de s'asseoir.

## CONSEILS DES TOUAREGS

• Garde tes vêtements, même si d'instinct tu as envie de te déshabiller afin d'avoir moins chaud. Ta peau brûlerait rapidement sous les chauds rayons du soleil. Les Touaregs portent plusieurs vêtements de coton amples afin de protéger leur peau et de rester couverts de sueur; cela les aide à conserver l'eau, qui est précieuse dans le désert.

• Évite les déplacements aux heures les plus chaudes de la journée; fais la route à la nuit tombée ou encore tôt le matin ou en soirée. Lorsque le soleil est à son zénith, trouve un endroit à l'ombre où te reposer.

• Mange des aliments salés; ainsi, ton organisme récupérera le sel qu'il perd lorsque tu transpires. (Cesse de consommer des aliments salés à la sortie du désert, car une trop grande consommation de sel nuirait à ta santé.)

• Recherche les oasis, ces endroits du désert qui présentent de la végétation et un point d'eau. Tu y trouveras de l'ombre fraîche et de quoi boire.

• Méfie-toi des tempêtes de sable. Lorsqu'une tempête se lèvera, tu apercevras un nuage sombre à l'horizon. Accroupis-toi à côté de ton chameau et protège tes yeux et ta bouche à l'aide de lunettes de soleil et d'une écharpe.

# PLONGÉE DANS LE GRAND TROU BLEU DU BELIZE

Le vent décoiffe tes cheveux alors que le voilier fend les eaux turquoise de l'océan. Tu te trouves à bord en compagnie d'une équipe de biologistes spécialistes de la vie marine, à proximité des côtes de l'Amérique centrale dans les eaux territoriales du Belize. Vous vous dirigez vers le Grand Trou bleu, un gouffre en forme de cercle creusé dans le fond rocheux, qui est l'un des plus beaux endroits où faire de la plongée sous-marine.

Le Grand Trou bleu, qui fait environ un demi-kilomètre (trois dixièmes de mille) de diamètre et 145 mètres de profondeur (475 pieds), se trouve dans le deuxième plus grand récif de corail du monde. Il doit son nom à la couleur de l'eau qui est d'un étonnant bleu foncé.

## SECRETS DE LA PÉRIODE GLACIAIRE

Moritz, un biologiste de la vie marine qui participe à l'expédition, raconte qu'il plonge dans le Grand Trou bleu afin d'y étudier la faune qui le peuple. Avant la dernière période glaciaire (qui remonte à plus de 20 000 ans, alors qu'il faisait très froid sur terre et que les eaux étaient presque toutes gelées), le Grand Trou bleu aurait pu se trouver à l'air libre et était en fait une grotte. Lorsque prit fin la période glaciaire, la glace a fondu, le niveau de la mer a monté et la voûte de la grotte s'est effondrée en formant le cercle parfait que l'on voit aujourd'hui. On trouve de ces gouffres partout dans le monde, mais le Grand Trou bleu est de loin le plus imposant.

Tu as choisi la meilleure saison pour faire de la plongée, car la mer est calme et la visibilité est bonne entre avril et juin.

## ÉPREUVE DE PLONGEON

**1.** Les plongeurs passent d'abord leur tenue et tu les imites. En premier lieu, tu mets la combinaison et tu boucles la ceinture de plomb qui te servira à t'enfoncer sous l'eau.

**2.** Tu t'assois sur le rebord du bateau et tu chausses les palmes. N'essaie pas de marcher les palmes aux pieds, car elles sont déstabilisantes. Ne dis pas que ce sont des «nageoires», car les plongeurs chevronnés se moquent de ceux qui les désignent ainsi.

**3.** Revêts le masque et le tuba de sorte que ce dernier pende du côté gauche de ton visage.

**4.** À présent, tu passes ton correcteur de lestage. Il s'agit d'un gilet ou d'une collerette gonflable qui contrôle la plongée ou la remontée—ton réservoir d'air sous pression sera fixé à son dos.

**5.** Sur le point de plonger, chacun vérifie le matériel de l'autre une dernière fois et lui signifie que tout est convenable en faisant le geste que tu vois ici.

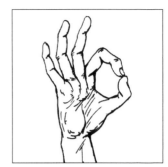

**6.** Tu gonfles au maximum ton correcteur de lestage et tu passes l'embout du détendeur dans ta bouche; tu le tiens en place à l'aide de la paume de ta main droite alors que tu tiens ton masque à l'aide de tes doigts. Tu te jettes ensuite à l'eau par-derrière.

**7.** Lorsque tous les plongeurs sont à l'eau, tu entreprends la descente.

## L'ENGLOUTISSEMENT DANS L'ABÎME

En t'enfonçant dans le Grand Trou bleu, tu n'aperçois qu'un puits sans fond dont les parois sont tapissées de coraux et de poissons colorés. À environ 40 mètres (130 pieds) sous la surface de l'eau, tu aperçois des stalactites qui pendent aux murs de la grotte dont certaines qui sont plus imposantes que des troncs d'arbres. Tu es effrayé alors qu'un banc de requins croise ta route, mais Moritz te fait signe que tout va bien afin de te rassurer. Ces requins sont simplement curieux et tu n'as rien à craindre d'eux.

Au bout de seulement huit minutes passées dans le Grand Trou bleu, la séance de plongée tire à sa fin. Moritz t'indique du pouce qu'il est temps de remonter à la surface. Tu entreprends lentement ta remontée. Si tu remontais trop rapidement, les bulles d'azote qui se trouvent dans ton sang prendraient de l'expansion; ce serait alors très douloureux, voire dangereux de mourir. C'est ce qu'on appelle la maladie des caissons. Afin de l'éviter, Moritz te fait remonter par paliers. Cinq mètres (16 pieds) avant d'atteindre la surface de l'eau, il te fait signe de t'arrêter et de rester trois minutes à cette profondeur; pendant ce temps, une quantité d'azote est évacuée de ton sang. Au bout de trois minutes, il t'indique du pouce que tu peux remonter en toute sûreté à la surface.

## MISE EN GARDE

Faire de la plongée sous-marine dans le Grand Trou bleu est une expérience formidable, mais également très dangereuse et seuls les plongeurs chevronnés doivent s'y risquer, jamais un débutant.

# L'ASCENSION D'UN GLACIER EN ARGENTINE

Un vent glacial te rappelle à la réalité. Tu fais l'ascension des Andes en Argentine en compagnie de Toby et Josefina, deux spécialistes de l'alpinisme. Le panorama est spectaculaire, mais l'escalade exige beaucoup d'efforts. Il te tarde de parvenir au campement afin de te reposer, mais tu sais que l'épreuve véritable est devant toi lorsque tu aperçois un glacier énorme (un immense champ de glace) qui obstrue ta route.

# LE GLACIER PERITO MORENO

Tu as atteint le majestueux glacier Perito Moreno, l'un des 48 que compte le parc national Los Glaciares. Comme les autres glaciers, le Perito Moreno est le fruit de la neige qui tombe en altitude dans les montagnes. Chaque hiver, il est tombé davantage de neige qu'il ne pouvait en fondre au printemps et à l'été. Avec le temps, alors que davantage de neige s'est accumulée, elle s'est transformée en glace sous l'effet de son propre poids. Cette immense plaque de glace est devenue si lourde qu'elle a commencé à glisser à flanc de montagne. Elle fait 30 kilomètres (19 milles) de longueur et jusqu'à trois kilomètres (près de deux milles) de largeur. Toby te dit que, malgré sa taille imposante, le glacier se déplace et rapidement, au rythme de près de deux mètres (près de 6 ½ pieds) par jour.

Tu sais que tu devras traverser le glacier – « traverser » est le mot technique qui décrit une progression horizontale dans une paroi. Toby te demande de suivre ses conseils, sinon tu courrais un grave danger.

## MATÉRIEL INDISPENSABLE

Avant le départ, Josefina dresse la liste du matériel qu'il te faudra apporter afin de maîtriser les éléments plutôt hostiles.

• Le glacier peut être très abrupt par endroits et il est facile de perdre pied. Voilà pourquoi tu dois porter des crampons, ces semelles amovibles garnies de pointes d'acier que l'on fixe sous les chaussures. Lorsque tu marches sur le sol glacé, tu dois faire en sorte que le plus grand nombre de crampons morde la glace pour te donner de l'adhérence.

• Tu dois en outre t'appuyer sur un piolet pour te donner de l'assurance.
Josefina t'explique qu'il faut enfoncer le
piolet dans la glace aussitôt que tu sens
le sol se dérober sous tes pas pour éviter de glisser
jusqu'en bas de la pente. On appelle cette manœuvre
« freinage avec piolet ».

## LE FREINAGE AVEC PIOLET

Être doté du matériel nécessaire ne suffit pas; encore te faut-il
savoir l'employer. Josefina veut que tu sois prêt à affronter les
glaces en t'enseignant une manœuvre de freinage avec piolet.

**1.** Ton piolet doit être à portée
de main. Lorsque tu marches,
tiens-le comme tu le ferais avec
une canne, la main qui est en
amont. Le pic doit être dirigé
derrière toi. Ne pends pas le
piolet à ton dos; il ne te serait
d'aucune utilité.

**2.** Lorsque tu fais une chute ou que
tu glisses, roule sur ton torse et
ramène vite le piolet en diagonale
devant toi, la pic éloigné de ta personne. Enfonce le pic dans la glace
et saisis la tête de l'autre main pour
éviter qu'elle ne s'enfonce dans ton
abdomen. Tiens-la à proximité de ta hanche et contracte tes
coudes vers tes flancs afin de stabiliser l'instrument.

**3.** Lorsque tu glisses, écarte les genoux en les fléchissant et soulève les pieds afin d'éviter que les crampons ne mordent la glace. Courbe le dos afin que ton abdomen ne touche pas la glace; ainsi, tu exerceras davantage de poids sur le pic et tu freineras plus facilement.

## PROMENADE SUR LA GLACE

Avant de poser le pied sur la glace, Toby noue une extrémité d'une corde de 25 mètres (environ 80 pieds) de longueur à un harnais autour de sa taille et l'autre extrémité autour de la tienne. Josefina fait de même avec une corde semblable. Elle t'explique que c'est là la façon la plus sûre de se déplacer à la surface d'un glacier. Le fait d'être attachés les uns aux autres vous rend solidaires et, si l'un de vous tombe dans une crevasse, les deux autres pourront l'en sortir. Les crevasses naissent des mouvements de la glace qui, sous l'effet de la pesanteur, provoquent des fissures. Elles peuvent faire plusieurs centaines de mètres de profondeur et il est très difficile de les repérer lorsqu'elles sont dissimulées sous un manteau de neige.

Toby ouvre la marche et tu attends que la corde qui vous lie soit tendue avant de lui emboîter le pas. Josefina suit derrière toi. Vous veillez à ne pas laisser trop de distance entre vous, car si quelqu'un venait à tomber, sa chute n'en serait que plus longue. Marchant avec lenteur et prudence, vous commencez à vous déplacer à la surface du glacier.

Lorsque vous arrivez au campement, vous êtes accueillis avec chaleur. Tu es soulagé de ne pas être tombé sur la glace et très heureux que l'on t'offre une tasse de thé fumant pour te réchauffer.

# LA TRAVERSÉE DE LA MANCHE À LA NAGE

Vêtu d'un maillot de bain et enduit de la tête aux pieds d'une épaisse couche de graisse, tu te trouves à la plage de Douvres en Angleterre. Les célèbres falaises crayeuses, dites de Shakespeare, qui bordent la côte anglaise s'élèvent loin au-dessus de toi alors que tu t'apprêtes à traverser la Manche à la nage, ce bras de mer froid et agité de 34 kilomètres (55 milles) de largeur qui sépare l'Angleterre et la France. Tu te diriges vers le cap Gris-Nez, situé à la pointe nord de la France, au plus près des côtes de l'Angleterre.

La traversée de la Manche reste le plus grand défi pour tous les nageurs. Tu t'entraînes depuis plusieurs mois et, si tu réussis cet exploit, tu verras ton nom dans les manuels d'histoire. Parmi les centaines de nageurs qui s'y risquent chaque année, moins d'un sur cinq réussit à atteindre la rive française.

## CONSEILS DE L'ENTRAÎNEUR

Par chance, tu es entre bonnes mains. Ton entraîneur, Léonard, a réussi la traversée à plusieurs reprises. Voici quelques-uns des conseils qu'il te donne.

• Mets-toi à l'entraînement plusieurs mois avant l'épreuve à la piscine de ton quartier. Il te faudra peu à peu allonger tes périodes d'entraînement, jusqu'à nager pendant plusieurs heures d'affilée.

• L'eau de la Manche est glaciale, elle oscille entre 13 et 18 °C (52 et 62 °F); tu dois donc t'habituer à nager en eau froide. Des bains froids t'y aideront, de même que des baignades dans la mer en hiver, même si ce n'est que pour quelques minutes à la

fois. Si ton corps ne s'habitue pas au froid, tu risques de souffrir d'un abaissement de la température du corps au-dessous de la normale, ce qui est très dangereux.

• Procure-toi le matériel nécessaire. Conformément aux règles en vigueur, ton maillot ne doit pas couvrir tes bras et tes jambes. Tu as le droit de porter des lunettes de nage, un bonnet de bain, un pince-nez et des bouchons d'oreille.

• Prévois qu'un bateau-pilote t'accompagnera. Il s'agit d'une embarcation qui restera à proximité de toi au cours de la traversée et qui te récupérera en cas d'urgence.

## FAIS LE PLONGEON !

Le grand jour est arrivé. L'équipage du bateau-pilote a écouté attentivement les prévisions météorologiques et le temps semble idéal : le ciel est dégagé et le vent léger. Léonard te prévient toutefois que les conditions peuvent changer du tout au tout dans la Manche, avec des coups de vent violents, des vagues de forte hauteur et un brouillard opaque.

Tu es enduit de graisse afin de conserver ta chaleur dans l'eau glacée, mais aussi pour prévenir les irritations cutanées et calmer les douleurs.

Tu peux employer n'importe quelle sorte de graisse, par exemple de la graisse d'oie, mais d'ordinaire, les nageurs s'enduisent d'un mélange de vaseline et de lanoline (une matière grasse extraite de la laine de mouton).

Tu avances dans l'eau et tu commences à nager. Le crawl est la meilleure nage pour acquérir un rythme régulier, ce qui est préférable lorsque l'on doit nager pendant plusieurs heures de suite.

Chaque heure, ton équipe de soutien te donne à boire et à manger depuis le bateau. Tes coéquipiers te passent des bouteilles et des sachets de nourriture ficelés à l'extrémité de longues perches.

Au bout de 11 heures et 32 minutes, tu atteins enfin le cap Gris-Nez et tu dois te traîner sur la plage. Selon le règlement, tu dois sortir de l'eau et fouler la terre ferme pour que la traversée soit enregistrée. Le record du monde de la traversée de la Manche a été réalisé en un peu moins de sept heures.

## LA MANCHE EN VERSION MINI

Si tu ne peux pas traverser la Manche à la nage, tu pourrais mesurer ta progression à la piscine de ton quartier. Chaque fois que tu vas nager, tiens le compte du nombre de longueurs que tu fais. Tu devras parcourir 607 fois une piscine de 50 mètres (165 pieds) de longueur afin d'égaler la distance qui sépare la plage de Douvres du cap Gris-Nez. Tu ferais mieux de t'y mettre sans plus attendre!

# FAIRE UNE VISITE CHEZ LES MASSAÏS DU KENYA

Lors d'un safari au Kenya, tu observes de près les éléphants et les zèbres et tu te fais même remarquer par un troupeau de lions. Alors que tu retournes au campement, tu as la chance de faire la rencontre de quelques guerriers massaïs vêtus de leur tunique rouge vif. Ils t'invitent à venir festoyer à leur village. Les Massaïs sont depuis toujours des éleveurs de bétail, mais ils ont en outre une réputation de braves guerriers et de danseurs agiles.

Aujourd'hui, ils font leur célèbre danse rituelle (*adumu* en langue massaï ) pour laquelle les hommes doivent sauter le plus haut possible en joignant les pieds et ils t'invitent à y prendre part. Il s'agit d'un grand honneur et tu souhaites être à la hauteur.

**Conseil :** La danse des sauts est réservée aux garçons et les filles ne doivent pas tenter d'y participer. Elle cadre à l'intérieur d'une cérémonie qui s'échelonne sur quatre jours et qui marque la fin de l'enfance et le début de l'âge adulte chez les garçons. Désormais, ils deviennent des guerriers qui ont la tâche de protéger leur famille, leur communauté et leur bétail.

## DANSONS EN CHŒUR

**1.** Prends place sur la ligne que forment les guerriers avant de dessiner un cercle. L'un d'eux commence à chanter et tous les autres guerriers, toi y compris, doivent faire de même.

**2.** Lorsque vient pour toi le moment de chanter, tu avances au centre du cercle. Prends une profonde inspiration. Joins les pieds, fléchis les genoux et saute droit dans les airs. Lève le menton afin de garder la tête haute et redresse tes épaules.

**3.** Continue de sauter aussi haut et aussi droit que tu le peux sans que tes talons ne touchent le sol. Cette danse permet aux hommes de montrer leur force et leur vitalité; le plus ils sautent haut, le mieux ils sont cotés. Assure-toi de fléchir les genoux chaque fois que tu touches le sol pour éviter de te blesser.

**4.** Arrête-toi après quatre ou cinq sauts ou lorsque tu te sens las. Laisse la place à un autre garçon pendant que tu reprends ton souffle.

**5.** Continue de répéter. Il serait étonnant que tu puisses sauter aussi haut que tes amis massaïs qui s'exercent pendant de longues heures et qui sont en excellente forme.

# SURVIVRE À UNE ÉRUPTION DU MONT ETNA

Un sourd grondement emplit l'air. Tu te trouves sur les pentes d'une montagne dans l'île de la Sicile en Italie. Soudain, tu aperçois une inquiétante colonne de vapeur qui s'échappe de la cime de la montagne. C'est que le mont Etna n'est pas une montagne comme les autres. Du haut de ses 3 000 mètres (près de deux milles), il s'agit du volcan le plus imposant et le plus actif en Europe et l'un des plus actifs au monde. Le mont Etna est souvent calme pendant plusieurs mois, mais le grondement que tu entends peut être l'indice d'une éruption prochaine.

## CRACHEUR DE FEU !

Loin sous le mont Etna, un mélange de gaz et de magma (de la roche si chaude qu'elle a fondu) remue et prend de l'expansion, ce qui accentue la pression des rochers environnants. Un moment viendra où cette pression ne pourra plus être contenue. C'est alors que la terre crachera les gaz et le magma en fusion et que l'on assistera à une éruption volcanique.

Le mont Etna fait éruption à intervalles réguliers de quelques années et rejette de longues coulées de lave (ainsi que l'on désigne le magma lorsqu'il atteint la surface) qui brûlent ses pentes. La lave couvre tout sur son passage, même les habitations et les villages.

## SIGNES AVANT-COUREURS

Tu sens le sol qui commence à remuer. On assiste souvent à des tremblements de terre avant une éruption. Ils annoncent que le magma commence à s'activer sous tes pieds. Tous tes sens doivent être en alerte – la vue, l'ouïe et même l'odorat – à la recherche de ces signes avant-coureurs.

• La paroi du volcan peut se mettre à bomber ou à gonfler alors que le magma s'accumule sous sa surface.

• Cherche les bouffées de cendres ou de vapeur qui pourraient s'échapper du cratère ou des fissures qui lézardent les pentes du volcan.

• Souvent, tu pourras entendre le volcan qui commence à gronder. Sois à l'affût de bruits retentissants semblables à des coups de fusil, à des sifflements, des rugissements ou des ronflements.

• Qui a eu des gaz? Tu pourrais remarquer qu'il se dégage une mauvaise odeur d'œufs pourris. Elle est attribuable à un gaz appelé « sulfure d'hydrogène » qui filtre par les crevasses qui zèbrent le sol.

# CONSEILS FUMANTS

Il est fascinant d'observer une éruption volcanique sur les lieux mêmes du phénomène, mais il peut s'agir d'un spectacle très dangereux, en particulier si de violentes explosions se produisent. Une bonne préparation te permettra de ne courir aucun risque inutile.

• Si le mont Etna fait éruption alors que tu te trouves au grand air, essaie de gagner un promontoire pour être à l'abri de la lave qui coulera vers les basses terres. D'ordinaire, la lave progresse plutôt lentement et tu devrais pouvoir t'en distancer, mais avance avec prudence et ne tente jamais de croiser sa trajectoire. Tu risquerais de tomber, de te brûler gravement ou même de périr.

• Méfie-toi des bombes (ces blocs de lave projetés dans les airs), des cendres brûlantes, des coulées de lave et des coulées de boue volcanique.

• Lorsqu'un volcan fait éruption, une maison est le meilleur endroit où se mettre à l'abri. Ferme les portes et les fenêtres. Pose du ruban adhésif autour des fenêtres qui laissent filtrer l'air et des serviettes humides enroulées sur le pas des portes pour empêcher la cendre et la poussière d'entrer.

• Allume la télévision ou la radio pour suivre la situation et entendre les conseils des spécialistes. Ne mets pas le nez à l'extérieur avant que l'on annonce que l'éruption est terminée et que nul ne court de risques s'il sort.

• Enlève les cendres qui tombent sur le toit et dans les gouttières de ta maison. La cendre volcanique est très lourde et son poids pourrait entraîner l'effondrement de ta maison.

# MANGER UNE NOIX DE COCO SUR UNE ÎLE DÉSERTE

Tu navigues sur l'océan Pacifique à bord d'un voilier lorsqu'une catastrophe se produit. La coque du bateau touche le fond d'un récif de corail et tu te retrouves seul sur une île déserte. Te voilà sur une plage sablonneuse sans autre compagnie que les cocotiers ébouriffés par le vent. Bien que quelques provisions aient échoué sur le rivage, tu ignores combien de temps mettront les secours à te trouver et il faut rationner les vivres pour les faire durer.

Tu as un petit creux, alors tu ramasses une noix de coco dure et velue. Voici comment on ouvre une noix de coco afin de manger sa chair blanche et délicieuse.

1. Détache l'enveloppe fibreuse qui la couvre.

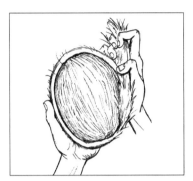

2. Observe bien la noix de coco. À une extrémité, tu apercevras trois enfoncements qui semblent dessiner deux yeux et une bouche.

3. D'une main, saisis fermement la noix de coco par cette extrémité. Trouve la nervure qui court entre les yeux. Suis son dessin jusqu'au centre de la noix. Imagine alors qu'une ligne court le long de son « équateur ».

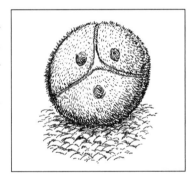

4. De l'autre main, saisis une grosse pierre et assène quelques coups solides à la noix le long de cette ligne. Tourne souvent la noix afin de la frapper sur tout son pourtour. Au bout de quelques coups, elle devrait se fendre.

**5.** Racle la chair blanche qui tapisse l'intérieur à l'aide d'un coquillage effilé ou d'une pierre pointue. Hume le parfum de la noix de coco avant de la manger. Si son odeur est aigre ou si elle sent le moisi, n'en mange pas.

**Conseil :** Ne jette pas les moitiés de noix de coco. Avant de fendre une autre noix, introduis une tige dure entre les deux yeux, retire-la et laisse s'écouler le lait de coco dans un grand coquillage. Tu auras alors une boisson rafraîchissante.

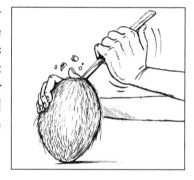

# L'AMÉNAGEMENT D'UN TROU DE NEIGE EN ARCTIQUE

À des kilomètres à la ronde, tu n'aperçois rien, sinon une étendue si blanche qu'elle fait mal aux yeux. Il règne un froid polaire et la neige tombe à gros flocons. Tu prends part à une partie de chasse dans l'Arctique, la région boréale du Canada. Tes guides sont deux chasseurs inuits (reporte-toi à la page 17), Ituko et Irniq, qui te conduisent là où se trouvent des phoques, des morses et des caribous.

## US ET COUTUMES INUITS

Les Inuits, membres d'un peuple nomade, se déplacent à l'intérieur des terres de glace et chassent pour assurer leur subsistance. Leur survie dans un cadre hostile a toujours reposé sur leurs capacités à triompher des éléments.

En hiver, les Inuits habitaient des trous aménagés dans le sol afin de se réchauffer. L'été venu, ils installaient des tentes faites de peaux de phoques ou de caribous. De nos jours, la majorité des Inuits vivent dans des maisons de bois, regroupés en petites communautés, et disposent d'installations modernes telles que l'eau courante et le chauffage central. Heureusement pour toi, il se trouve encore des Inuits, dont tes deux guides, qui connaissent les astuces pour survivre dans le Grand Nord.

À mesure que vous avancez, la neige tombe plus abondamment. Vous devez vite trouver un abri. Vous ne disposez d'aucun matériau si ce n'est de la neige et de la glace; par chance, tes guides ne sont pas démunis. La situation ne semble pas les préoccuper. Depuis des siècles, les Inuits construisent des abris chauds et étanches avec de la neige durcie. Ituko te prévient que vous n'avez pas le temps d'édifier un iglou avec des blocs de glace. Plutôt, tes deux guides t'enseignent à aménager toi-même un trou dans la neige où tu resteras au chaud et au sec jusqu'à ce que la chasse reprenne.

## AMÉNAGEMENT D'UN TROU DANS LA NEIGE

**1.** En premier lieu, tu dois trouver l'endroit opportun où creuser ton abri dans la neige. Irniq explique qu'une pente ou un amoncellement de neige fait le meilleur endroit qui soit où aménager un tel abri, car il est facile d'y fabriquer un tunnel. Vérifie que la neige qui se trouve en amont de la pente que tu choisis n'est pas trop fine ou qu'elle ne risque pas de débouler sur toi. Choisis un endroit à l'abri du vent pour creuser l'entrée de ton trou.

**2.** À l'aide d'une pelle à neige, creuse un tunnel d'environ un mètre (un peu plus de 3 pieds) de longueur dans la neige.

**3.** Lorsque tu t'es enfoncé d'un mètre dans la neige, tu peux commencer à creuser une petite enceinte à l'extrémité du tunnel. La pièce en question doit être suffisamment spacieuse pour t'abriter avec tout ton matériel et assez haute pour que tu 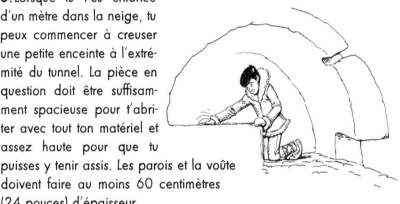 puisses y tenir assis. Les parois et la voûte doivent faire au moins 60 centimètres (24 pouces) d'épaisseur.

**4.** Emploie une partie de la neige récoltée en creusant l'abri pour faire une plate-forme sur laquelle tu dormiras. Tu auras plus chaud en dormant sur une bande de neige surélevée, car l'air très froid est plus lourd que l'air frais et se retrouvera au sol de l'enceinte.

**5.** Pose un repère voyant au sommet de ton abri afin que les autres chasseurs sachent où se trouve ton abri – deux bâtons de ski formant un X feront l'affaire.

**6.** Lorsque tous tes effets sont à l'intérieur de l'abri, dépose ton sac à dos à l'entrée du tunnel afin de faire obstruction au vent. Range la pelle à côté de la plate-forme où tu dormiras au cas où il te faudrait creuser pour sortir de l'abri.

**7.** Perce un trou dans la voûte de l'enceinte pour favoriser l'aération si tu fais brûler des bougies ou si tu te sers d'un petit poêle.

**8.** Étends des fourrures ou ton sac de couchage sur la plate-forme pour t'isoler du froid.

**9.** Lisse la paroi et la voûte de l'enceinte pour empêcher l'eau de goutter sur toi lorsque la chaleur de ton corps réchauffera l'air ambiant.

Te voilà propriétaire d'un abri chaud et sûr en attendant que le blizzard soit passé.

# LA CHASSE AUX OURAGANS DANS LA ZONE DES TORNADES

Une fin d'après-midi du début de l'été et l'air est chaud et poussiéreux. Tu te trouves à bord d'une camionnette en compagnie d'un groupe de cinéastes et de scientifiques qui sont des chasseurs d'ouragan et vous roulez dans une région du Midwest américain appelée « zone des tornades ». Les chasseurs d'ouragan parcourent cette région à la recherche de tornades qu'ils pourraient filmer et dont ils pourraient mesurer les vents violents.

La zone des tornades est une région des États-Unis qui comprend le Texas, l'Oklahoma, le Kansas, le Nebraska et le Dakota du Nord et du Sud. Tous les chasseurs d'ouragan en herbe désirent s'y rendre, car plus de 800 tornades s'y déchaînent chaque année.

## AUTANT EN EMPORTE LE VENT

À mesure que le ciel s'obscurcit et devient plus menaçant, le vent prend de la vigueur. Soudain, le tonnerre gronde, suivi d'un éclair qui zèbre le ciel. Un cinéaste prénommé Chet t'annonce que les possibilités sont grandes que tu assistes à une tornade.

Les tornades prennent forme sous les orages. Le vent qui balaie le ciel au-dessus d'un orage se déplace plus rapidement que l'air qui se trouve à basse altitude. Leur rencontre provoque le tournoiement de l'orage. Alors que l'air tournoie plus rapidement, un entonnoir se forme en son centre, là où l'air tourne le plus rapidement. Le tournoiement de l'entonnoir aspire à son tour de plus en plus d'air qui circule sous l'orage et l'entonnoir devient de plus en plus long, jusqu'à toucher le sol.

Lorsque les tornades effleurent le sol, elles sèment la destruction derrière elles. Elles peuvent détruire des maisons, soulever les véhicules et les trains et même précipiter les poissons hors des lacs et les propulser des kilomètres plus loin. Pire encore, elles font parfois rage pendant plusieurs heures de suite et peuvent se déplacer à plus de 400 kilomètres (250 milles) à l'heure. Elles peuvent parcourir des centaines de kilomètres sans manquer d'énergie.

## LA MESURE DE L'INTENSITÉ D'UNE TORNADE

Au loin, un nuage d'orage menaçant, d'un noir verdâtre, commence à former une tornade en entonnoir. Chet braque sa caméra sur le phénomène afin d'enregistrer sa naissance et son déploiement. Son amie Katia tente de mesurer la force du vent, mais étant donné sa puissance, il lui faudra faire appel à une autre échelle afin de mesurer l'intensité de la tornade.

Il est difficile de mesurer l'intensité des tornades à l'aide d'instruments en raison de la puissance des vents en leur cœur. Voilà pourquoi les scientifiques états-uniens les évaluent en fonction des dégâts qu'elles provoquent à l'aide de l'échelle de Fujita.

## L'ÉCHELLE DE FUJITA

| Échelle | Vitesse du vent | Dégâts éventuels |
|---------|-----------------|------------------|
| EF0 | 105-137 km/h (65-138 mi/h) | **Dégâts légers.** Soulève quelque peu la surface des toitures, abîme les gouttières, brise les branches des arbres. |
| EF1 | 138-178 km/h (85-110 mi/h) | **Dégâts moyens.** Disjoint les toitures, déplace les maisons mobiles, brise les vitres des fenêtres. |
| EF2 | 179-218 km/h (111-135 mi/h) | **Dégâts graves.** Arrache les toitures, détruit les maisons mobiles, déracine les grands arbres, soulève les véhicules. |
| EF3 | 219-266 km/h (136-165 mi/h) | **Dégâts considérables.** Détruit les maisons, renverse les trains, arrache l'écorce des arbres, soulève les véhicules lourds du sol. |
| EF4 | 267-322 km/h (166-200 mi/h) | **Dégâts ruineux.** Écrase les maisons, propulse les véhicules dans les airs. |
| EF5 | Plus de 323 km/h (201 mi/h) | **Destruction complète.** Fait s'envoler les maisons, endommage lourdement les gratte-ciel, des débris de la taille de voitures volent au vent. |

## MISE EN GARDE

La chasse aux tornades peut être excitante, mais également très dangereuse. Tu ne dois t'y risquer qu'en compagnie d'une équipe de spécialistes. N'essaie jamais de chasser une tornade par toi-même. Si une tornade vient vers toi, tu dois réagir et vite !

## QUE FAIRE ?

**1.** Entre dans la maison et veille à ce qu'il y ait le plus de murs possible entre le vent et toi. Éloigne-toi des fenêtres et des portes. Dans la zone des tornades, nombre de maisons sont dotées d'abris à la cave; ce sont les endroits les plus sûrs où trouver refuge.

**2.** Si ta maison ne comporte pas d'abri, rends-toi à la cave ou entre dans la salle de bains et allonge-toi dans la baignoire. Cache-toi sous un matelas, des couvertures ou des oreillers afin de te protéger contre les débris qui voleraient.

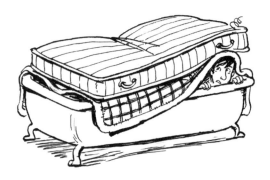

**3.** Si une tornade se lève alors que tu te trouves à l'extérieur, il te faudra peut-être te cacher dans un fossé ou t'allonger sur le ventre au sol. Ce n'est pas l'idéal, mais cela pourrait te protéger des vents violents et des débris. Éloigne-toi le plus possible des arbres et des véhicules. Protège ta tête et ta nuque de tes bras et ne cherche pas à regarder autour de toi lorsque la tornade frappera.

**4.** Ne te réfugie pas à l'intérieur d'une automobile ou d'une autocaravane en attendant que passe la tornade. Les vents au cœur d'une tornade peuvent excéder 400 kilomètres à l'heure (250 milles/heure), ce qui suffirait amplement à soulever le véhicule et à le projeter ici et là alors que tu te trouves à l'intérieur.

**Conseil :** Ne cherche jamais à fuir une tornade à pied. Elle peut se déplacer beaucoup plus rapidement que toi.

# BAIGNADE PARMI LES MÉDUSES EN AUSTRALIE

Tu pratiques la plongée sous-marine sur la côte nord de l'Australie. Le soleil brille et l'eau de la mer est chaude et calme. Des poissons d'une grande beauté défilent autour de toi. À quelques mètres de l'endroit où tu te trouves, tu aperçois une grande méduse à la cloche bleu pâle qui semble flotter dans l'eau comme un fantôme. Fais attention! Il s'agit d'une méduse de mer et tu dois l'éviter coûte que coûte.

Une méduse de mer est dotée de près de 60 tentacules et peut faire jusqu'à trois mètres (10 pieds) de longueur. Chaque tentacule est tapissé de milliers d'aiguillons barbelés qui peuvent décharger un poison capable de causer la mort. Les méduses de mer comptent parmi les créatures marines les plus dangereuses, car leur poison peut tuer un être humain en l'espace de trois minutes. La douleur cuisante qu'il cause peut provoquer un choc et entraîner la noyade.

Tu décides qu'il vaut mieux sortir de l'eau et tu retournes à la plage. Les méduses de mer sont parmi les rares qui peuvent se déplacer sans se laisser porter par le courant. Il est donc préférable que tu t'éloignes d'elle avant qu'elle ne décide de se lancer à ta poursuite.

## PREMIERS SOINS

Ouf! Tu l'as échappé belle, mais il y a d'autres méduses dans l'océan. Si quelqu'un se fait piquer, appelle sans tarder les ambulanciers et, entre-temps, verse du vinaigre sur les piqûres. L'acide du vinaigre paralysera l'action des aiguillons et apaisera quelque peu la brûlure en attendant l'arrivée des secours.

# CONSIGNES DE SÉCURITÉ

Afin de t'épargner les piqûres de créatures marines dotées d'aiguillons, il suffit de suivre les quelques règles suivantes.

• Ne fréquente que les plages bordées de filets à méduses. Leur taille empêche les méduses de mer de franchir les mailles de ces filets.

• Ne prends jamais de bain de mer seul. Nage dans les eaux surveillées par un maître-nageur. Il saura te venir en aide, le cas échéant.

• Porte une combinaison de plongée par-dessus ton maillot de bain, de préférence une qui couvre tout ton corps; ainsi, ta peau ne sera pas exposée aux piqûres.

• Évite les bains de mer pendant l'été australien qui s'échelonne de novembre à avril; ce sont les mois au cours desquels les méduses abondent dans ces eaux.

• Ne touche jamais une méduse échouée sur le rivage. Tu pourrais t'y piquer même si elle est morte.

# LA TRAVERSÉE DE L'ATLANTIQUE À L'AVIRON

Tu es à Gomera, une île de l'archipel des Canaries, qui se trouve dans l'océan Atlantique à près de 200 kilomètres (120 milles) de la côte nord-ouest de l'Afrique. Tu es ici afin de prendre part à la traversée de l'Atlantique à l'aviron qui se déroule tous les deux ans. Devant toi se trouvent environ 4 700 kilomètres (2 800 milles) d'eau bleue entre ta destination et toi, c.-à-d. l'île d'Antigua dans les Antilles. Si elle réussit, l'aventure devrait durer entre 45 et 55 jours.

Compte tenu de son immensité, l'Atlantique est le deuxième parmi les plus grands océans qui soient et le traverser à l'aviron tient de l'exploit. Tu t'en tireras aussi longtemps que tu pourras manœuvrer malgré les vagues géantes, les vents puissants et les requins curieux. Sans compter tes mains ampoulées et ton derrière engourdi.

# RAME, RAME, RAME DONC !

Afin de traverser l'Atlantique à la rame, tu dois t'y préparer sur les plans physique et psychologique. Voici quelques conseils en vue d'une traversée sans souci.

**1.** Choisis ton équipe avec soin. Tu peux participer à titre de rameur solitaire, avec un coéquipier ou dans le cadre d'un quatuor de rameurs. Si tu décides de former un duo avec un ami, choisis ce dernier avec soin. Tu seras en sa compagnie à toute heure du jour et de la nuit pendant plusieurs semaines de suite.

**2.** Trouve une embarcation. Arrête ton choix sur un bateau de fibre de verre. La fibre de verre est un matériau léger et résistant que l'on peut modeler en fonction des eaux agitées. Elle doit comporter une petite cabine de deux mètres de longueur sur un mètre de hauteur (environ 6 ½ pieds sur 3 ¼ pieds) à l'intérieur de laquelle tu prendras du repos lorsque tu ne seras pas aux rames.

**3.** Mets-toi à l'entraînement. Tu n'as pas à être un athlète de calibre olympique afin de réussir la traversée de l'Atlantique, mais ton organisme devra repousser ses limites, alors il te faudra être en bonne forme. Amorce l'entraînement plusieurs mois avant la course. Commence en ramant sur de courtes distances que tu allongeras afin d'accroître ton endurance. Augmente ta force musculaire en levant des haltères. Fais régulièrement de courtes siestes afin de pouvoir dormir lorsque tu ne rameras pas. Ton coéquipier et toi devrez ramer 24 heures par jour, à raison de deux heures à la fois, suivies d'un repos de deux heures.

**4.** Planifiez votre trajet dans les moindres détails. Le parcours de la course traverse l'Atlantique d'est en ouest afin de tirer profit des vents et des courants favorables.

**5.** Rangez bien votre matériel et vos provisions à bord de l'embarcation. Rangez le matériel lourd au fond de l'embarcation et assurez-vous que le poids est bien réparti. Dressez une liste de l'emplacement de chaque chose et conservez à portée de main les objets dont vous aurez le plus besoin.

## TROUSSE DE SURVIE

• Des aliments lyophilisés et des collations énergisantes telles que des cacahuètes, des fruits séchés et des biscuits à la levure.

• Un appareil de dessalement afin de transformer l'eau de mer en eau douce.

• Un appareil radio et un téléphone par satellite afin de communiquer avec le reste de l'équipe, d'autres embarcations et vos proches.

• Un système mondial de positionnement (GPS), des cartes marines et un compas pour la navigation.

• Une pompe de cale afin d'évacuer l'eau de mer qui éclaboussera l'embarcation.

• Une trousse d'outils pour effectuer les réparations et des avirons de rechange.

• Une trousse d'urgence qui réunit un canot de sauvetage, une trousse de premiers soins, des fusées éclairantes, un extincteur d'incendie, des gilets de sauvetage – le tout emballé dans un sac imperméable au cas où il faudrait abandonner le bateau pour monter à bord du canot de sauvetage.

## COMMENT AVANCER À L'AVIRON

Avant d'envisager de traverser l'Atlantique à l'aviron, tu dois maîtriser les principes de ce mode de transport. Dans un premier temps, saisis les avirons et suis les indications suivantes.

**1.** Prends place à bord de l'embarcation, l'étrave (la partie avant) derrière toi. Penche ton corps en avant et tends les bras devant toi. Fléchis les genoux alors que les pelles percent l'eau derrière toi, perpendiculairement par rapport à la surface.

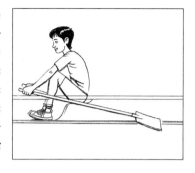

**2.** Porte ton corps en arrière, les bras tendus et tire les avirons en ramenant les bras vers toi. Au même moment, pousse le siège mobile à l'aide de tes jambes.

**3.** Lorsque les avirons se trouvent le plus loin possible derrière toi, sors-les de l'eau et tourne les poignets de manière à ce que les pelles soient parallèles à la surface de l'eau.

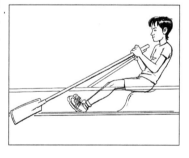

**4.** Penche-toi en avant et tourne les poignets dans l'autre sens, de sorte que les pelles soient perpendiculaires par rapport à l'eau en prévision du prochain coup d'aviron. Refais les étapes 1 à 4.

# CHANTER LE KARAOKÉ AU JAPON

Tu sautes à bord d'un avion et tu te rends au Japon pour rendre visite à tes amis Yukiko et Kei. Ravis de te voir, ils ont prévu une soirée dont tu te souviendras longtemps. Tu comptes assister à un spectacle, peut-être à la prestation d'un groupe rock, mais ils te réservent une surprise de taille. C'est toi qui te produiras en spectacle !

Tes amis t'ont invité dans un endroit où les spectateurs montent tour à tour sur scène afin de chanter leur chanson préférée à la stupéfaction générale. Le nom japonais qui désigne ce genre de prestation est karaoké, qui signifie « orchestre absent », car il n'y a aucun orchestre dans la salle. Il ne s'y trouve qu'un grand écran vidéo bordé d'une bande sur laquelle défilent les paroles des chansons et deux énormes enceintes acoustiques qui crachent la musique enregistrée. Tu résistes à la tentation de sauter dans le prochain avion qui te ramènerait à la maison et tu décides de jouer le jeu. Yukiko et Kei te livrent quelques conseils pour faire de ta prestation au microphone un moment mémorable.

## CHANTER EN PRÉSONORISATION

• N'oublie pas qu'il s'agit d'un jeu. Il importe peu que tu ne sois pas le meilleur chanteur au monde. Si tu t'amuses bien, les spectateurs s'amuseront eux aussi. Souris et aie l'air confiant même si tu as peur.

• Choisis une chanson que tu connais bien et qui met ton talent en évidence (ou qui en camoufle l'absence). Arrête ton choix sur une rengaine accrocheuse. Ainsi, l'auditoire risque davantage de la connaître et pourra chanter avec toi.

• Regarde les mots défiler au bas de l'écran même si tu connais les paroles de la chanson.

• Donne une bonne prestation scénique. Ne reste pas debout comme une potiche même si tu es nerveux. Ton visage et tes gestes doivent rendre les émotions issues de la chanson. Fais quelques pas de danse si la musique s'y prête.

• À la fin du numéro, salue les spectateurs et reçois avec grâce leurs applaudissements.

**Conseils :** Répète ta chanson à la maison avant ta prochaine soirée karaoké. Sers-toi d'une brosse à cheveux en guise de microphone afin d'apprendre à maîtriser tes gestes. Si tu connais déjà les paroles de la chanson, tu pourras axer ta prochaine prestation sur la performance.

# DÉGUSTATION DE LARVES DANS LA CAMPAGNE DE L'AUSTRALIE

Tu pratiques la randonnée dans la campagne de l'Australie, une immense région sauvage en partie désertique et en partie broussailleuse qui occupe des milliers de kilomètres à l'intérieur de l'île. À l'exception d'un kangourou qui bondit de temps à autre des broussailles, peu de créatures vivent à cet endroit.

Tu prends part à cette excursion afin de voir si tu peux survivre dans l'une des régions les plus arides au monde. Ton guide, Balun, est un aborigène, ce qui veut dire qu'il est le descendant des premiers habitants de l'Australie. Il t'a proposé de t'enseigner le mode de vie de ses ancêtres qui ont survécu aux rigueurs des lieux pendant plusieurs milliers d'années.

La campagne (que l'on appelle également la brousse) a les apparences d'une terre inculte, mais celui qui sait chercher peut

y trouver quantité de choses à manger. Les aborigènes déploient tous leurs talents pour la chasse et pour la cueillette de noix, de graines, de baies et de fruits. Lorsqu'il se rend compte que tu as oublié ta boîte-repas au camp, Balun te propose de partir à la recherche de quelque chose à manger.

## COLLATION DANS LA BROUSSE

On trouve plusieurs choses comestibles dans la brousse qu'on ne mangerait pas ailleurs : des lézards, des crocodiles, des fourmis et des larves d'insectes. Balun t'apprend que les larves de cossus (un papillon de nuit) sont considérées comme un mets très délicat. Elles sont semblables à de gros asticots aussi longs et gras que ton pouce. Elles contiennent une grande quantité de vitamines et de protéines.

En premier lieu, tu dois repérer une espèce d'acacia que les aborigènes appellent *witchetty*. Selon Balun, ces végétaux sont précieux dans la campagne, car leurs graines sont comestibles et leur sève gluante sert de gomme à mâcher aux enfants. De plus, leurs racines sont chargées de larves de cossus. De minuscules amas de bran de scie au pied des buissons indiquent la présence de ces larves.

Lorsque tu as trouvé un buisson, Balun commence à creuser autour de ses racines à l'aide d'un bâton pointu. Il déterre une racine et te montre un orifice à l'intérieur duquel une larve s'est logée. Il rompt cette racine et en extrait une larve grasse et juteuse qu'il tire par la queue. Miam ! miam !

# LARVES SUR CANAPÉS

Selon la tradition, on mange les larves de cossus crues alors qu'elles sont vivantes. Balun en tient une par la tête, l'introduit dans sa bouche et en prend une bouchée. Il raconte qu'il préfère les consommer alors qu'elles sont vivantes, car leur goût est alors un peu sucré et leur centre est crémeux, à la manière d'un œuf. Il en déniche une autre et te l'offre. Tu as un haut-le-cœur, mais pour ne pas être impoli, tu la mets dans ta bouche. Tu commences aussitôt à mastiquer pour que la larve ne remue pas dans ta bouche. Pouah! Tu aurais préféré un sandwich au fromage, mais cela n'a pas trop vilain goût.

Devant ta mine dégoûtée, il te propose de cuisiner une délicieuse trempette de larves lorsque vous rentrerez à sa case. Voici la recette en question.

# LARVES DE COSSUS SAUTÉES

Balun prépare cette recette à l'aide de vraies larves de cossus, mais tu peux les remplacer par des crevettes.

### Ingédients :
- 150 g (5 ¼ onces) de larves de cossus (ou de crevettes)
  - 1 c. à soupe d'huile végétale • 1 pincée de sel
- 1 oignon d'hiver haché grossièrement • 200 ml (7 onces) de crème aigre • 100 g (3 ½ onces) de fromage à la crème • tranches de pain grillé, taillées en triangles • bâtonnets de carottes

**1.** Fais sauter les larves (ou les crevettes) dans l'huile jusqu'à ce qu'elles soient bien cuites. Demande à un adulte de t'aider à cette étape. Ajoute le sel.

**2.** Verse les larves et le reste des ingrédients dans un mélangeur et réduis-les en purée. Demande à un adulte de t'aider à cette étape.

**3.** Verse la trempette dans un bol en t'aidant d'une spatule de caoutchouc.

**4.** Sers la trempette sur des triangles de pain grillé que tu garniras de larves entières, accompagnés de bâtonnets de carottes.

# UNE COURSE DE CHEVAUX EN MONGOLIE

La nuit est tombée et le ciel au-dessus de toi est percé d'étoiles scintillantes. Un feu de camp crépite et la fébrilité semble s'être emparée de tous. Tu te trouves dans les plaines herbeuses de la Mongolie en compagnie d'une famille d'éleveurs qui vit sous une grande tente appelée *ger*. Tous sont excités à l'idée que demain marquera le début du *Naadam*, le plus important festival de l'année mongole.

Le *Naadam* s'échelonne sur trois jours de l'été au cours desquels on chante, on assiste à des spectacles d'acrobatie et on participe à des compétitions de tir à l'arc, de lutte et de course hippique, soit les trois sports les plus populaires en Mongolie.

Ton ami Ahduu et son fils préparent leurs chevaux pour la grande course depuis plusieurs mois et voilà que le fils est malade et qu'il ne pourra conduire sa monture. Ahduu t'a demandé de le remplacer lors de la course de demain. Malgré ta nervosité, tu as consenti. Les chevaux occupent une place importante dans la vie des Mongols et tu sais combien Ahduu se réjouit à l'idée de courir. Tu es honoré qu'il ait songé à toi pour remplacer son fils, mais tu sais à quel point ces courses à travers les champs sont dures et éreintantes, tant pour les chevaux que pour les cavaliers. Tu ferais mieux d'aller dormir afin d'être en forme demain.

## DERBY DANS LA STEPPE

À l'aube, l'épouse d'Ahduu lui verse un bol de *airag*, ce lait de jument fermenté au goût sucré qui est apprécié dans cette région. Elle vous souhaite bonne chance alors qu'Ahduu te conduit à ta monture et te fait visiter les lieux où se déroulera la course.

Ton cheval s'appelle Jiinst. Il est petit et trapu comme tous les chevaux de Mongolie. Ils sont réputés pour leur force et leur endurance; heureusement pour toi, ils peuvent courir des heures sans se fatiguer. Aujourd'hui, la queue de Jiinst est tressée et sa crinière est nouée à l'aide d'un ruban de couleur vive. Au cours de la promenade, Ahduu fredonne une chanson à l'oreille de la bête pour lui porter chance. Il t'explique que ces chansons, qui demandent aux chevaux de courir à toute vitesse et d'être forts, existent depuis plusieurs siècles.

En arrivant à la ligne de départ, tu montes Jiinst et tu promets à Ahduu de faire de ton mieux. Tu regardes autour de toi et tu constates que plusieurs autres enfants se préparent à la course dont certains qui n'ont pas plus de cinq ans. On compte près de mille chevaux qui prennent part à la compétition et leurs hennissements et le claquement de leurs sabots résonnent dans la plaine.

# C'EST UN DÉPART !

**1.** Tu attends que soit annoncée la course à laquelle tu prends part. Il y en a six en tout qui sont répertoriées en fonction de l'âge des chevaux; la durée de chaque course varie en conséquence. Jiinst n'a que deux ans, alors Ahduu t'a inscrit à la course sur 15 kilomètres (9 milles). Les chevaux plus âgés courent le double de cette distance.

**2.** Avant la course, tu fais trois fois le tour du drapeau mongol alors que l'assistance entonne des chants folkloriques. Puis, Ahduu te conduit entre des rangs de spectateurs enthousiastes, vers la ligne de départ. On donne le signal, un nuage de poussière s'élève et te voilà parti.

**3.** Jiinst et toi courez à travers les plaines poussiéreuses. Tu lances « *Googtol* » afin de le motiver. Il n'y a aucune piste, alors tu t'efforces de suivre le cheval qui te précède. La chevauchée est vraiment rude et, à une ou deux reprises, tu manques de faire une chute. Par chance, c'est la monture et non le cavalier qui gagne la course et on entraîne les chevaux à courir même si leur cavalier est tombé.

**4.** Tu atteins la marque du mi-parcours et tu te retournes pour te diriger vers le point de départ. Au moment où tu parviens presque au fil d'arrivée, tu dépasses le meneur et tu franchis le fil avant lui. Ta victoire ravit Ahduu. La course a duré trois heures et Jiinst et toi êtes épuisés.

**5.** Tu diriges Jiinst vers la tribune où on lui remettra son prix. Il reçoit une médaille d'or et un poème est rédigé en son honneur. (On décerne une médaille d'argent et une autre de bronze aux chevaux qui sont arrivés au deuxième rang et au troisième rang.) Ahduu monte sur la tribune afin de toucher son prix en argent. Les spectateurs réjouis te suivent, flattent les flancs de Jiinst et se frottent le visage avec leurs mains. Ahduu t'explique que la sueur du cheval gagnant leur apportera la chance pendant le reste de l'année. Il te conseille de t'en barbouiller le visage.

La course est terminée, mais ce n'est pas la fin du *Naadam*. Ahduu et toi vous dirigez vers le stade afin d'assister aux épreuves de lutte et tu te réjouis à l'idée de prendre part à cette fête avant de profiter d'un repos bien mérité.

# ÉVITER LE MAL DE L'ALTITUDE SUR LE KILIMANDJARO

Entouré de l'épaisse forêt tropicale, tu sens quelques perles de sueur rouler le long de ta colonne vertébrale, sous ton sac à dos. Tu te trouves en Tanzanie, dans l'est de l'Afrique, à 1 850 mètres (environ 6 000 pieds) d'altitude sur le mont Kilimandjaro, la montagne la plus haute du continent noir.

Le mont Kilimandjaro est l'un des « sept sommets » – les endroits les plus élevés en altitude sur chacun des sept continents de la terre. Sont ascension constitue un exploit en soi en matière d'alpinisme.

Le pic Uhuru, le principal sommet du mont Kilimandjaro, est le premier objectif que tu t'es fixé, mais son ascension sera ardue. Avec ses 5 895 mètres (19 350 pieds) de hauteur, il domine les

plaines environnantes. Bien qu'il se trouve plusieurs pistes que tu puisses emprunter, tu choisis la route de Machame, qui conduit à ce pic de la montagne et qui est célèbre pour le panorama qu'elle embrasse. L'excursion commence dans la forêt tropicale et les marécages, après quoi tu traverses une rivière pour atteindre les parois rocheuses à proximité du sommet. Tu dois consacrer, à cette ascension, jusqu'à sept heures de marche par jour et parcourir une distance qui oscille entre 9 et 18 kilomètres (5,6 et 11 milles). Chaque soir, tu fais un arrêt pour te reposer. Les porteurs qui t'accompagnent dressent les tentes et installent le matériel de cuisine. Chaque matin, après le petit déjeuner, vous reprenez l'ascension de la montagne.

## LA MALADIE DE L'ALTITUDE FRAPPE

Peu avant de parvenir à mi-côte, tu es pris de vertiges et tu commences à avoir mal à la tête. Tu es plus étourdi à chaque pas que tu fais, aussi tu en parles à ton guide. Il t'apprend que tu souffres de la maladie de l'altitude, l'ennui de santé le plus répandu chez les alpinistes qui grimpent à plus de 2 400 mètres (un peu moins de 8 000 pieds) au-dessus du niveau de la mer. Cette maladie est provoquée par une réaction de l'organisme en haute altitude attribuable à la rareté de l'air. En raison de la faible densité de l'air, tes poumons ont du mal à faire passer suffisamment d'oxygène dans ton sang.

Tes symptômes sont relativement légers et ton guide te conseille de ralentir le pas. Il faudra patienter quelques jours avant que tu sois tout à fait remis, mais le fait de ralentir la marche permettra à ton organisme de s'adapter peu à peu à l'air raréfié.

## ÉCHAPPER À LA MALADIE DE L'ALTITUDE

Ton guide t'explique qu'il est possible d'échapper à la maladie de l'altitude, à condition de prendre quelques précautions en ce sens.

• Ne gravis pas la montagne trop rapidement. Adopte, dès le premier jour, un rythme lent et régulier. Si tu te sens pris d'un malaise, ralentis le pas jusqu'à ce que tu ailles mieux.

• Si ton état empire − par exemple, si tu as une migraine lancinante −, tu pourrais te sentir mieux en redescendant de 500 mètres (1 640 pieds). Reste à cette altitude jusqu'à ce que les symptômes se soient estompés. Puis, soumets-toi à l'épreuve de la ligne droite. Si tu es incapable de marcher en ligne droite, redescends encore un peu.

• Si tu es à bout de souffle, même lorsque tu es assis, et que tu ne peux avancer, tes symptômes sont graves. Tu dois redescendre sans plus tarder.

• Si tu ne te sens pas assez en forme pour marcher, emmitoufle-toi dans un sac hyperbare. Il s'agit d'un tube de nylon que l'on gonfle à l'aide d'une pompe lorsque l'alpiniste se trouve à l'intérieur. Il recrée des conditions semblables à celles qui prévalent en plus faible altitude et relâche la pression sur les poumons afin qu'ils puissent fonctionner comme il se doit. Au bout d'une heure ou deux, tu devrais te sentir assez bien pour entamer la descente par tes propres moyens.

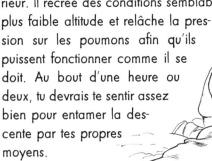

## MISE EN GARDE

La maladie de l'altitude peut être très dangereuse. Dans la pire éventualité, des fluides s'accumuleront dans tes poumons et ton cerveau et tu risqueras de mourir à défaut d'un traitement médical d'urgence.

## ARRIVÉE AU SOMMET

Aussitôt que tu te sens mieux, tu reprends l'ascension de la montagne. Le sixième jour, tu tentes d'escalader le sommet. Tu dois te lever à minuit et tu attaques le segment le plus escarpé et le plus éreintant de l'ascension. Tu grimpes pendant près de quatre heures et tu t'arrêtes pour prendre du repos. Après deux heures de marche dans la neige, tu atteins le pic Uhuru, peu avant le lever du soleil. Le paysage en vaut assurément l'effort. Bien joué! Tu as gravi l'un des sept sommets les plus élevés au monde. Il ne t'en reste plus que six avant d'être un héros de l'alpinisme!

# PRENDRE PART AUX JEUX DES HIGHLANDS

Le chant de la cornemuse confirme que tu te trouves bien en Écosse, où tu es arrivé afin de participer aux Jeux annuels des Highlands. Ces jeux se tiennent dans tout le pays et sont particulièrement populaires dans les Highlands (la région montagneuse et sauvage du Nord). Tu décides de laisser tomber le concours de cornemuse et de danse et tu t'inscris à la plus célèbre des épreuves, le lancement du tronc.

## LANCEMENT DU TRONC

Le tronc en question est celui d'un pin qui mesure près de six mètres (20 pieds) de longueur et qui pèse davantage qu'un homme adulte. Un officiel du concours pose le tronc sur l'une de ses extrémités, la plus large se dresse dans les airs.

1. Penche-toi vers le tronc et appuie-le sur ton épaule droite. Pose les bras tout autour et emboîte tes doigts les uns dans les autres. Fléchis les genoux et fais glisser tes mains vers la base du tronc. Fais une coupe avec tes deux mains, que tu passeras sous la base du tronc. Allonge les jambes et soulève le tronc tout en le soutenant à l'aide de l'épaule.

2. Alors que tu tiens le tronc avec la coupe que forment tes mains, cours devant toi, d'abord lentement, puis essaie de prendre de la vitesse.

3. Afin de lancer le tronc, cesse de courir et propulse-le vite dans les airs de manière à ce qu'il fasse une révolution et qu'il atterrisse sur son extrémité la plus large.

Peu importe que tu ne l'aies pas lancé très loin. Le gagnant n'est pas celui qui a lancé le tronc le plus loin, mais celui dont le tronc atterrit en ligne droite, parallèlement à la trajectoire parcourue depuis l'élan de départ.

Ton tronc vacille sur son extrémité avant de chuter droit devant, selon une ligne presque parallèle à la trajectoire parcourue depuis l'élan de départ. Il ne te reste plus qu'à attendre pour voir si d'autres concurrents pourront faire mieux.

**Conseil**: Si tu ne peux te procurer un tronc de pin ou si ce dernier est trop lourd, exerce-toi à l'aide d'un manche de balai. Fais attention de ne blesser personne pendant tes séances d'entraînement.

## ORGANISE TES PROPRES JEUX DES HIGHLANDS

En plus du lancement du tronc, les Jeux des Highlands mettent en vedette plusieurs autres activités sportives auxquelles tu peux t'exercer chez toi en prévision de ton prochain séjour en Écosse. Pourquoi n'organiserais-tu pas ta propre édition des Jeux des Highlands afin d'acquérir de l'habileté?

## TIR À LA CORDE

### Il te faudra ceci :

• deux équipes qui comptent un minimum
de deux joueurs • un juge • une corde ou un vieux
drap • un chronomètre • du ruban adhésif

**1.** Établis où se trouve le milieu de la corde en la pliant en deux. Marque le point médian en apposant une bande de ruban adhésif à cet endroit.

**2.** Pose une bande de ruban adhésif au sol qui fixe l'endroit où le point médian de la corde doit se trouver au début de l'épreuve.

**3.** Chacune des équipes prend place à son extrémité de la corde.

**4.** Le juge lance : « À la corde ! » Chaque participant saisit donc la corde de ses deux mains de façon à ce qu'elle soit tendue sans toutefois être tirée vers lui. Le juge doit s'assurer que le point médian se trouve précisément au-dessus de la marque de départ avant que la partie ne s'engage.

**5.** Lorsque le juge est satisfait de la position de départ, il lance : « Tirez ! » Il commence alors à chronométrer. Chaque équipe doit tirer sur la corde de toutes ses forces. Les participants doivent tendre les bras et fléchir les genoux, puis s'enfoncer dans le sol à l'aide des talons. Chaque équipe doit tirer sur la corde comme un seul homme.

**6.** Deux minutes plus tard, le juge lance : « Arrêt ! » À ce moment, tous les participants doivent s'immobiliser. L'équipe gagnante est celle qui a réussi à éloigner le plus possible le point médian de la corde de la ligne de départ. La décision du juge est sans appel.

**7.** Les équipes changent de côté pour la prochaine ronde. L'équipe qui remporte deux rondes sur trois est déclarée grande gagnante.

## LANCEMENT DES BOTTES DE CAOUTCHOUC

Essaie-toi au lancement des bottes de caoutchouc, une épreuve inscrite au calendrier de la version jeunesse des Jeux des Highlands.

**Il te faudra ceci :**
• du ruban adhésif • 3 paires de bottes de caoutchouc • un espace ouvert

**1.** En premier lieu, vous devez décider de l'endroit où se trouvera la ligne de tir. Il s'agit, en fait, de l'endroit à partir duquel vous lancerez les bottes. Assurez-vous qu'un grand espace ouvert se trouve au-delà de cette ligne pour ne rien abîmer. Tracez la ligne à l'aide de ruban adhésif.

**2.** Décidez qui sera le premier lanceur. Il doit saisir une botte par la jambe.

**3.** Le principe de la compétition consiste à lancer la botte le plus loin possible de la ligne de tir. Tiens-toi à côté de la ligne de tir, ta botte à la main. Balance-la d'avant en arrière à quelques reprises afin de prendre un élan. Lorsque tu es prêt, lance la botte aussi loin que tu peux à l'intérieur de l'espace ouvert. Exerce-toi à différentes techniques de lancer afin de décider laquelle tu préfères. Chaque participant a droit à trois essais et le meilleur des trois résultats est inscrit au sol à l'aide du ruban adhésif. (Il faut noter l'endroit où la botte atterrit en premier, pas celui où elle se trouve après avoir rebondi.)

**4.** Le participant qui a lancé sa botte le plus loin est déclaré gagnant.

Si le gagnant du lancement de la botte est également celui qui a remporté l'épreuve du tir à la corde, il est coiffé du titre de grand champion des Jeux des Highlands.

# FAIRE DU SURF À HAWAII

Une vague déferlante se dresse derrière toi et vient s'écraser sur ta tête. Tu perds pied et tu tombes de ta planche de surf avant de sombrer loin sous la surface de l'eau. En toussant et en crachotant, tu réussis à regagner la plage où tu t'inscris à des leçons de surf.

Tu as choisi Hawaii pour apprendre à surfer, car on y trouve les meilleurs endroits au monde pour pratiquer ce sport; sur la plage Nord, les vagues peuvent atteindre six mètres (près de 20 pieds) de hauteur en hiver. Hawaii est un chapelet d'îles dans l'océan Pacifique. Ces îles sont en fait les cimes d'immenses volcans qui ont surgi des fonds marins. Les éruptions de lave brûlante ont refroidi et provoqué la formation de crêtes montagneuses au fond de l'océan. Lorsque l'eau est projetée contre ces crêtes par les marées, d'immenses vagues se forment.

## APPRENDS À SUIVRE LA VAGUE

Au loin sur la plage, tu aperçois un moniteur qui enseigne à suivre la vague à un groupe de vacanciers. Tu leur demandes vite si tu peux prendre la leçon avec eux, planche sous le bras.

Avant d'entrer dans la mer, le moniteur t'enseigne un mouvement appelé «chandelle» qui te fait passer en un saut de la position horizontale à la verticale.

## LA CHANDELLE RÉUSSIE

**1.** Couche-toi à plat ventre sur ta planche. Pose les paumes de tes mains à plat au milieu de la planche. Allonge tes bras afin de soulever le torse puis, en un mouvement coulant, saute sur tes pieds de telle sorte que tes genoux se trouvent sous ta poitrine et que tu sois de côté par rapport à la planche.

**2.** Au moment où tu touches la planche, pose ton pied arrière (le gauche si tu es droitier) vers la queue de la planche et ton pied droit à peu près au milieu. Tu devrais avoir les genoux fléchis et ton menton devrait être aligné par rapport au milieu de la planche.

La chandelle est un mouvement difficile à maîtriser; aussi, tu t'y exerces sur la plage jusqu'à ce que tu y parviennes.

# SOULEVER DES VAGUES

À présent que tu as perfectionné la chandelle, le moment est venu de quitter le sable pour affronter les flots bleus.

• Attache-toi à la planche. Noue la dragonne (la courroie) de la planche à la cheville de ta jambe arrière. Ainsi, si tu tombes à l'eau, tu pourras retenir ta planche. Les planches qui dérivent peuvent être très dangereuses pour les baigneurs et les autres surfeurs.

• Avance dans la mer en tenant ta planche au bout des bras au-dessus de ta tête. Pose une main de chaque côté de la planche afin que les vagues ne la fracassent pas contre ton visage. Lorsque tu as de l'eau à la taille, couche-toi à plat ventre sur la planche. Ton poids doit être centré au milieu de la planche. Ne recule pas trop, car l'étrave (l'avant de la planche) pourrait se soulever et t'assommer. Commence à pagayer à l'aide de tes mains jusqu'à ce que tu sois au-delà de l'endroit où les vagues se rompent.

• Si tu croises une vague géante alors que tu pagaies, passe sous elle et non par-dessus. Pour y parvenir, déplace ton poids vers l'avant afin que s'enfonce l'étrave sous l'eau. Ce mouvement de plongée rapide s'appelle le « canard ». Ta planche de surf est faite de mousse et de fibre de verre. Elle flotte facilement et remontera vite à la surface lorsque tu auras dépassé la vague.

• Laisse-toi porter par une vague. Regarde les vagues qui viennent vers toi et choisis-en une qui semble assez puissante pour te porter. Dirige l'étrave de la planche vers la plage et commence à pagayer le plus rapidement possible.

• Alors que tu te sens porté par la vague, cesse de pagayer et tente de faire la chandelle ainsi que tu l'as fait sur le sable.

• Laisse-toi emporter par la vague. Afin d'éviter de tomber, tends les bras de chaque côté et fléchis quelque peu les genoux en tout temps. Ta planche doit former un angle par rapport à la vague. Laisse-toi porter vers la plage. Regarde sans cesse dans la direction que tu veux suivre et la planche suivra. Porte ton poids d'un côté ou l'autre de la planche afin de modifier la direction de sa course.

**Conseil :** Essaie de faire porter ton regard sur le segment de la vague sur lequel tu veux surfer. Ainsi, tu conserveras mieux ton équilibre et tu éviteras de tomber.

# SE DÉBARRASSER D'UNE SANGSUE À MADAGASCAR

Tu arrives à Madagascar, une grande île au large de la côte orientale de l'Afrique. L'île est réputée pour sa faune et sa flore particulières; en effet, plus de 80 pour cent des espèces vivantes qu'on y trouve n'existent nulle part ailleurs. Parmi les animaux les plus célèbres de l'île, on compte les lémuriens, une variété de primates comme les singes et les gorilles. Les makis mococos sont les lémuriens les plus connus.

Tu te trouves à Madagascar afin de repérer des indris, ces lémuriens à queue courte qui sont menacés de disparition. Ils vivent dans la forêt pluviale sur la côte orientale de l'île. Aujourd'hui, leur nombre a gravement décru parce qu'on déboise la forêt pour faire place à des terres agricoles.

Ton guide, Jaona, te conduit dans une zone de la forêt pluviale où il a déjà aperçu des indris. Mais il est très difficile d'en trouver malgré leur pelage noir et blanc. Tu t'apprêtes à renoncer lorsque tu entends un hurlement sinistre, le cri caractéristique de l'indri. Tu te penches afin de prendre tes jumelles dans ton sac et tu aperçois une sangsue lustrée sur ta jambe.

## DES CRÉATURES SANGUINAIRES

Les sangsues sont des créatures semblables à des vers dont une extrémité est aplatie. Elles apprécient les endroits chauds et humides; donc, les forêts pluviales leur font un habitat de prédilection. Après une forte pluie, elles pendent aux branches et aux feuilles des arbres dans l'attente de leur prochain festin, qu'il soit animal ou humain. Alors, elles se laissent tomber sur leur proie, se fixent à sa peau par leurs ventouses et sucent son sang. Lorsqu'une sangsue atterrit sur toi, d'ordinaire tu ne t'en aperçois pas parce qu'elle sécrète un anesthésiant qui engourdit la peau.

Tu seras heureux d'apprendre que les morsures de sangsue ne sont pas douloureuses, mais qu'elles peuvent provoquer des saignements abondants. C'est que les sangsues produisent un anticoagulant qui empêche le sang de coaguler et de former une croûte. Par contre, les sangsues abondent dans la forêt pluviale et il est pratiquement impossible de les éviter.

## CONSEIL AFIN DE RETIRER UNE SANGSUE

Si une sangsue se colle à toi, ne t'affole pas. En général, elles se détachent lorsqu'elles ont fini de se gaver de sang. Elles peuvent absorber l'équivalent de dix fois leur poids en sang au cours d'un même repas. Malheureusement, elles sont également porteuses de virus; tu voudras donc t'en débarrasser avant la fin de leur festin.

**1.**Pour y parvenir, glisse un ongle *sous* la ventouse à proximité de la gueule de la sangsue (l'extrémité mince et plate) et détache-la. Fais de même *sous* l'autre extrémité. Veille à ce que la sangsue ne se fixe pas de nouveau à ta peau. Enlève-la d'une chiquenaude.

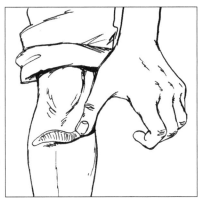

**2.**Désinfecte la blessure. Les blessures s'infectent facilement dans l'atmosphère humide d'une forêt pluviale. La blessure saignera jusqu'à ce que l'anticoagulant disparaisse et tu éprouveras une légère démangeaison au cours de la cicatrisation. Évite de te gratter.

Protège-toi des sangsues en portant un pantalon, plutôt qu'un bermuda, et une chemise à manches longues qui couvrira tes bras. Rentre les pattes du pantalon dans tes chaussettes ou porte des chaussettes anti-sangsue qui montent aux genoux; les sangsues affamées ne parviennent pas à les déchirer.

**Conseil:** N'essaie pas de détacher ou de brûler une sangsue alors qu'elle se nourrit. Des fragments de sa mâchoire pourraient rester coincés sous ta peau et occasionner une infection. Si tu essayais de la brûler, elle pourrait régurgiter son dernier repas sous ta peau, ce qui entraînerait aussi un risque d'infection.

# JOUER AU CRICKET DANS LES ÎLES TROBRIAND

Tu te rends aux îles Trobriand, un chapelet d'îles coralliennes qui se trouve dans l'océan Pacifique, au large de la côte orientale de la Nouvelle-Guinée. Ton avion atterrit sur la grande île Kiriwina où vivent la majorité des 15 000 habitants de l'archipel. Mais les plages sablonneuses et la forêt luxuriante devront attendre. Aussi invraisemblable que cela puisse sembler, tu te trouves là pour jouer au cricket, le sport préféré des insulaires.

Moyabwau, ton guide, raconte que les insulaires jouent au cricket depuis le début du XX$^e$ siècle. Plutôt que d'entrer en guerre contre les villages rivaux, les habitants de l'île décidèrent de se défier les uns les autres sur un terrain de cricket. Toutefois, si tu t'attends à voir des joueurs vêtus de blanc, des spectateurs qui murmurent et à entendre des applaudissements polis, tu seras étonné. Le cricket des îles Trobriand ne ressemble guère à celui auquel on s'adonne ailleurs dans le monde.

## LES RÈGLES DU JEU

Par mesure de prévoyance, tu as apporté des vêtements blancs, mais Moyabwau t'annonce que tu n'en auras pas besoin. Afin de jouer au cricket dans l'archipel, tu dois te vêtir à la façon d'un guerrier, te peindre le visage et le corps avec des couleurs criardes, porter des brassards et piquer des plumes dans tes cheveux. Sinon, tu ne portes qu'un pagne, un bout de tissu enveloppé autour de ton bassin à la manière d'une grande couche. Tu n'auras pas davantage besoin de tes chaussures de sport, car les habitants des îles Trobriand jouent au cricket pieds nus.

On joue comme au cricket classique, avec une batte de bois et une balle, sauf que la batte ressemble davantage à une batte de baseball qu'à une palette. Elle est peinte en noir et blanc. Avant la rencontre, tu apportes les battes et les balles chez le sorcier du village, qui leur jette un charme. Il invoque également les esprits afin que les cieux soient cléments pendant la partie.

Tu vas retrouver tes coéquipiers. La tradition veut que deux équipes de 11 joueurs s'affrontent, mais au cricket à la mode de Trobriand, les équipes regroupent tous les hommes des villages concurrents et peuvent réunir jusqu'à 50 ou 60 joueurs. Il importe seulement que chaque équipe compte un même nombre de joueurs.

Les équipes prennent place sur le terrain de jeu. Chacune exécute un chant scandé ainsi qu'une danse guerrière chorégraphiée expressément pour la rencontre et répétée pendant de longues heures. Pendant ce temps, la foule lance des cris de joie et de triomphe et quelques spectateurs soufflent dans des coquillages appelés conques afin de stimuler leur équipe.

En vertu des règles en vigeur aux îles Trobriand, l'équipe des visiteurs frappe en premier lieu. Étant donné que tu es invité, tu seras le premier à la batte. Moyabwau et toi prenez place devant les guichets à chaque extrémité du terrain.

Tu ne peux marquer un point qu'à condition de frapper la balle. Si tu la frappes avec force et qu'elle s'élève au-dessus du plus grand cocotier, tu marques un *nosibol*, soit six points. Le chef d'un autre village est désigné secrétaire de la partie. Il note les marques de chaque équipe en gravant des entailles sur une fronde de palmier.

À Trobriand, les joueurs portent la balle sous le bras. Le lanceur prend son élan et lance la balle. Tu concentres ton attention sur la balle et tu balances ta batte pour aller à sa rencontre. Paf ! La balle s'élève dans les airs. Tu commences à courir en espérant qu'elle s'élèvera plus haut que les arbres. Alors qu'elle poursuit son ascension, tu ralentis. Tu as sûrement assez couru pour

faire un *nosibol*. Soudain, tu entends monter une clameur derrière toi. Tu penses avoir réussi, mais il n'en est rien. Un joueur de l'équipe à la défensive l'a attrapée et bondit de joie. Tu es hors jeu.

Il revient à l'arbitre de l'équipe qui est à la batte de décider qui est hors jeu. Selon les règles du cricket classique, le frappeur est hors jeu si la balle touche les piquets du guichet ou si un joueur de l'équipe adverse l'attrape. Chaque fois qu'un frappeur est hors jeu, l'équipe à la défensive exécute une danse guerrière au centre du terrain. Pendant que les joueurs se réunissent pour danser, tu sors du terrain et tu vas retrouver les spectateurs.

Un tour de batte se prolonge aussi longtemps que tous les frappeurs ne sont pas hors jeu et que toutes les danses n'ont pas été exécutées. Cela peut prendre plusieurs heures. Puis, les équipes changent de côté. Au cours d'une journée, chaque équipe a d'ordinaire deux tours de batte; ainsi, une partie peut se prolonger pendant huit heures ou plus.

L'équipe hôte est toujours déclarée gagnante, et ce, quelle que soit la marque. Les deux équipes échangent des ignames en guise de cadeaux et l'équipe victorieuse donne un festin. Les gagnants ne reçoivent pas de trophée, mais on présente des ignames au meilleur lanceur, au meilleur frappeur, au capitaine et au secrétaire chargé de noter les marques de son équipe.

**Conseil:** Les rencontres les plus importantes ont lieu une fois l'an pendant la récolte des ignames. Les ignames sont de gros tubercules semblables à des pommes de terre, enveloppés d'une pelure marron coriace, que l'on cultive dans les îles Trobriand et qui constituent l'aliment de base des insulaires.

# SURVIVRE À UN TREMBLEMENT DE TERRE À SAN FRANCISCO

Soudain, tu sens le sol remuer lentement sous tes pieds. La terre tremble de nouveau et tu crains qu'il ne s'agisse là d'un signe avant-coureur d'une catastrophe. Tu te trouves dans la ville de San Francisco en Californie, aux États-Unis, afin d'étudier les tremblements de terre et il semble que tu sois arrivé au bon moment... ou est-ce au pire moment?

Par chance pour toi, il ne s'agit que d'une faible secousse sismique qui passe rapidement. Malheureusement pour les habitants de San Francisco, la ville repose sur une imposante faille, qui fait 1 000 kilomètres (620 milles) de longueur, que l'on appelle la faille de San Andreas. Une faille marque le point de rencontre de deux plaques de l'écorce terrestre. Lorsque ces

deux plaques entrent en contact et qu'elles exercent une pression l'une sur l'autre, elles se courbent et fracassent les roches qui délimitent leurs bordures. À mesure que monte la pression, les plaques glissent soudain et se heurtent à nouveau. Cette collision soudaine envoie des ondes de choc qui retentissent dans le sol et qui déclenchent un tremblement de terre.

Quelque peu secoué, tu te rends sans détour au laboratoire où Angela, une spécialiste des tremblements de terre, t'attend à l'occasion de ton premier jour de travail.

## ÉVALUATION DES TREMBLEMENTS DE TERRE

Soulagée de constater que tu es sain et sauf, Angela t'explique que ces secousses sont chose courante – la région est sans cesse ébranlée par des secousses de faible intensité. San Francisco a connu des tremblements de terre beaucoup plus importants dans le passé. En 1906 et en 1989, les mouvements le long de la faille de San Andreas ont provoqué deux tremblements de terre colossaux qui ont détruit des maisons et des immeubles et qui ont tué ou blessé un grand nombre de gens. Elle t'explique que l'on évalue l'amplitude d'un tremblement de terre à partir de l'échelle de Richter, qui fut mise au point en 1935. Cette échelle chiffre la magnitude d'un tremblement de terre (l'intensité, illustrée sous forme de chiffre). Sur l'échelle reproduite ci-dessous, chaque mesure correspond à 10 fois la magnitude qui la précède. On a estimé que le tremblement de terre de 1906 avait atteint 7,8 à l'échelle de Richter alors que celui de 1989 a atteint 6,9.

| Mesure | Incidence |
|---|---|
| 1–2,9 | En général, on ne le sent pas, mais les sismographes l'enregistrent. |
| 3–3,9 | Quelques personnes le sentent, mais occasionne rarement des dégâts. |
| 4–4,9 | Tous le sentent et provoque le bris d'objets. |
| 5–5,9 | Occasionne quelques dégâts aux constructions de piètre qualité. |
| 6–6,9 | Détruit passablement de choses dans les zones peuplées. |
| 7–7,9 | Tremblement important. Occasionne d'importants dégâts à grande échelle. |
| 8 et plus | Tremblement colossal. Occasionne de graves dégâts à large échelle. |

## SURVIVRE À UN TREMBLEMENT DE TERRE

Les spécialistes estiment à 60 pour cent les probabilités que le prochain tremblement de terre majeur à frapper San Francisco survienne en 2030 et les autorités municipales doivent s'assurer qu'elles en décèleront les signes avant-coureurs. Angela te remet un sismographe (un instrument qui mesure les plus infimes mouvements du sol) et t'envoie enregistrer les moindres grondements qui montent du sol. Avant que tu ne partes, elle te donne quelques conseils de survie.

• Si tu te trouves à l'intérieur d'un immeuble, restes-y. En Californie, les enfants s'adonnent à un exercice préparatoire en trois volets : se terrer près du sol, se blottir sous un meuble solide et patienter.

• Protège ta tête à l'aide d'un coussin ou d'un oreiller. Éloigne-toi des fenêtres et des portes.

• Évite en outre les escaliers, car tu risquerais d'y tomber. Ne prends jamais l'ascenseur, car tu pourrais y être enfermé dans l'éventualité d'une panne de courant.

• Si tu es à l'extérieur, trouve un espace dégagé loin des immeubles, des cheminées, des arbres et des lignes de transport d'électricité qui pourraient s'écrouler sur toi. Accroupis-toi au sol pour la durée de la secousse. Si tu te trouves dans une rue, trouve refuge sous un couloir voûté ou une entrée de porte.

• Si tu te trouves dans un véhicule automobile, demande au conducteur de ralentir et de se rendre dans un lieu ouvert. Ne vous arrêtez pas à proximité d'un pont ou d'un viaduc au cas où il s'écroulerait. Restez à l'intérieur du véhicule jusqu'à ce que les secousses prennent fin. Puis, demande au conducteur de conduire très lentement, car le tremblement de terre a peut-être abîmé la route par endroits.

## À LA SUITE D'UN TREMBLEMENT DE TERRE

• Prépare-toi à une réplique sismique, c.-à-d. à une suite de tremblements de terre de moindre intensité. Après le grand tremblement de terre de 1989, on a enregistré 30 000 répliques à San Francisco.

• Vérifie que tes proches et toi n'êtes pas blessés. N'emploie le téléphone que pour effectuer un appel d'urgence afin d'éviter de surcharger les circuits et de nuire aux communications vraiment importantes.

• Vérifie qu'il n'y a pas d'autres dangers tels qu'un incendie ou une fuite de gaz. Coupe l'alimentation en gaz et en électricité si tu crains un incident. Ne bois pas l'eau du robinet et n'actionne pas la chasse d'eau des cabinets, car les canalisations peuvent être fissurées.

• Écoute la radio pour être au fait de la situation et connaître les directives des autorités.

# DESCENTE DES RAPIDES DANS LES ROCHEUSES

En compagnie de sept amis intrépides et d'Alanna, votre guide de descente en eau vive, tu explores un passage en amont de la rivière Colorado. La rivière Colorado prend sa source dans les montagnes Rocheuses, dans l'État américain du Colorado, et coule sur plus de 2 300 kilomètres (environ 1 430 milles) jusqu'au nord-ouest du Mexique. Ses flots franchissent quelques-uns des plus beaux paysages du monde, dont le Grand Canyon en Arizona, duquel on dit qu'il s'agit de l'une des sept merveilles naturelles du monde.

Alanna explique qu'en ce moment l'eau circule à grande vitesse dans ce passage en raison de la fonte des neiges dans les montagnes.

Il existe un mode de classification des rapides qui vise à renseigner la population sur la vitesse à laquelle court l'eau. Les rapides dont tu entreprendras la descente sont classés d'un à quatre, mais à un endroit ou deux, tu pourrais croiser des rapides de cinquième niveau. Tu dois donc t'y préparer pour avoir la présence d'esprit de réagir comme il se doit le moment venu.

## CATÉGORIES DE RAPIDES AUX ÉTATS-UNIS

| Catégorie | Conditions |
|-----------|------------|
| I | Eau calme en général avec quelques zones de turbulences. Peu de manœuvres nécessaires. |
| II | Quelques rochers et zones de turbulences. Manœuvre nécessaire pour contourner les écueils. |
| III | Quelques zones d'eau vive et courants rapides, mais sans véritable danger. |
| IV | Navigation très difficile. Eau vive, courants rapides et rochers. Manœuvre adroite nécessaire. |
| V | Navigation extrêmement difficile. Eau vive, rochers imposants, courants puissants, dénivellations abruptes et tourbillons. Manœuvre experte nécessaire. |
| VI | Eaux si dangereuses qu'il est pratiquement impossible de naviguer en sûreté. Fortes probabilités de blessures graves et d'accidents pouvant entraîner la mort. |

La plupart des rivières ne s'inscrivent pas avec précision dans l'une de ces catégories. Les rivières de catégories I et II conviennent aux néophytes. Les rivières de catégories III et IV sont réservées aux débutants adroits et aux pagayeurs de niveau intermédiaire. Celles de catégories V et VI sont réservées seulement aux spécialistes de la descente en eau vive. Prépare-toi à des difficultés!

## PRÉPARATIFS AVANT L'EXCURSION

• On ne pratique pas la descente en eau vive sans se doter d'un lourd équipement de protection. Il te faudra porter un gilet de sauvetage à ta taille pour le cas où tu prendrais un bain imprévu. Le gilet protégera ton dos et tes épaules contre les coups et les égratignures et te permettra de flotter. Tu devras également porter un casque afin de protéger ta tête.

• Avant de poser le pied dans le canot pneumatique, familiarise-toi avec le terrain et marche le long de la rive afin de repérer les zones dangereuses, les écueils et les troncs d'arbres à la dérive.

# À VOS CANOTS !

• On pratique la descente en eau vive à bord de grands canots pneumatiques fabriqués en caoutchouc résistant. Huit pagayeurs peuvent y prendre place, notamment votre guide Alanna. Elle monte à l'arrière du canot, car elle s'occupe du pilotage; elle se sert d'un aviron en guise de gouvernail. Les autres participants s'assoient sur leurs genoux de chaque côté du canot afin de répartir la charge uniformément.

• Alanna vous explique en quoi consistent les indications qu'elle livrera au cours de l'excursion et vous enseigne les rudiments du maniement de la pagaie. Elle vous laisse vous exercer en eau calme avant d'atteindre les rapides. Tiens le manche de la pagaie des deux mains et déplace la pelle dans l'eau à l'aide de longs mouvements coulants. Exerce-toi à pagayer vers l'avant et à reculons (on pagaie à reculons afin de ralentir la course du canot).

## AVENTURE EN EAUX MOUVEMENTÉES

Lorsque vous commencez à pagayer pour de bon, Alanna lance ses instructions et indique les rochers à fleur d'eau ou les troncs d'arbres échoués. Si vous heurtez un rocher, il y a plusieurs choses à faire. Vous pourriez descendre du canot et lui donner une poussée en vous agrippant bien à sa paroi, mais

les rochers sont visqueux et vous pourriez perdre pied. Autrement, tes amis et toi pourriez repérer l'emplacement des rochers et faire porter votre poids à l'autre extrémité du canot pneumatique. Vous pourriez alors vous servir des pagaies pour l'éloigner des rochers.

Malgré la présence à bord d'une guide d'expérience, vous devriez trouver à l'avance des endroits sûrs où vous arrêter pour prendre du repos. La rencontre du courant et du contre-courant forme des zones d'eau calme où reprendre votre souffle avant de repartir à l'aventure.

## LA GRANDE CHEVAUCHÉE

Tu saisis vite les principes du maniement de la pagaie et de la répartition du poids à l'intérieur du canot pneumatique et cela est heureux. Au détour du prochain coude de la rivière se trouve la première dénivellation d'importance. L'eau fait un plongeon de trois mètres (10 pieds) et, soudain, ton cœur bondit de ta poitrine devant cette perspective. Assieds-toi et prends plaisir à l'aventure! Saisis bien ta pagaie en prévision du moment où le canot rebondira sur l'eau et commence à pagayer sur-le-champ afin de l'éloigner de l'eau vive.

**Conseil:** Si tu tombes à l'eau, essaie de t'agripper à la paroi du canot pneumatique; si tu n'y parviens pas, essaie de nager sans lâcher ta pagaie. L'équipage la saisira pour te sortir de l'eau. Sinon, fais la planche, les pieds dirigés vers l'aval et laisse-toi flotter vers la rive. Sers-toi de tes bras comme d'un gouvernail. Le gilet de sauvetage t'empêchera de sombrer et Alanna est maître-nageuse en eau vive. Si le courant est puissant, ne tente pas de te mettre sur tes pieds. Tu pourrais perdre l'équilibre et, s'il y a des écueils, tu risquerais de te blesser et d'être emporté sous l'eau.

# RENCONTRE AVEC LES HIPPOPOTAMES SUR LE FLEUVE DU ZAMBÈZE

Tu es sur la rive du Zambèze, le quatrième plus long fleuve d'Afrique. Il est tôt le matin et tu t'apprêtes à aller observer les oiseaux. Tu as choisi l'endroit idéal. Le Zambèze abrite des centaines d'espèces d'oiseaux, dont des pélicans et des cigognes.

Muni de tes jumelles, tu prends place à bord de la pirogue avec ton compagnon David. Après quelques coups de pagaie, une énorme forme noire surgit de l'eau droit devant. Vous êtes dans un passage du fleuve que fréquentent les éléphants, les buffles, les zèbres, les girafes, les crocodiles et les hippopotames. Tu crois d'abord que cette masse sombre est un crocodile, mais elle est plus dangereuse encore, puisqu'il s'agit d'un hippopotame!

## ALERTE À L'HIPPOPOTAME

David raconte que, malgré leur apparence calme, les hippopotames peuvent être très agressifs. Ils peuvent tuer, non seulement en raison de leur énorme masse (un mâle peut peser 3,9 tonnes métriques), mais à cause de leurs canines qui, chez les mâles, peuvent mesurer jusqu'à 60 centimètres (24 pouces) de longueur. Ils s'en servent comme arme de combat contre leurs rivaux.

Tu risques peu de survivre à l'attaque d'un hippopotame; aussi, tu ferais mieux de diriger la pirogue loin du mastodonte.

• Navigue en eaux basses – laisse la baignade en eaux profondes aux hippopotames.

• Si tu dois traverser un passage profond, frappe du poing la paroi de la pirogue ou donne des coups de pagaie à la surface de l'eau afin de prévenir l'hippopotame de ton arrivée.

• Un hippopotame peut charger une pirogue ou un bateau qui approcherait trop de lui. Toutefois, tu pourrais ne pas l'apercevoir avant qu'il ne frappe ton embarcation. Un hippopotame

peut retenir son souffle sous l'eau pendant cinq minutes alors qu'il court sur le lit d'une rivière. Essaie de repérer une vague en forme de « V » qui pourrait révéler la présence sous l'eau d'un hippopotame furieux.

• Si tu croises un hippopotame sur la terre ferme, évite de te trouver entre la rivière et lui. Il pourrait se sentir menacé et passer à l'attaque.

• Ne songe même pas à courir afin d'échapper à un hippopotame. Il peut charger à une vitesse pouvant atteindre 48 kilomètres (30 milles) par heure, ce qui surpasse tes capacités lorsque tu engages une course; par contre, il ne peut monter à un arbre. Trouve un arbre et grimpe rapidement!

**Conseil:** Si tu aperçois une femelle hippopotame et ses petits, fais un détour et évite-les à tout prix. Les femelles protègent férocement leurs petits et ne craignent pas d'attaquer si elles s'estiment en danger.

# PRATIQUER LE TAI-CHI EN CHINE

Tu arrives à Shanghai en Chine. Tu découvres une ville formidable avec des palais et des temples d'une époque révolue, des gratte-ciel aux lignes futuristes et une dense circulation. Cependant, tu n'es pas là pour faire des excursions; tu es venu dans cette ville pour apprendre le tai-chi, un art martial chinois vieux de plusieurs siècles que l'on pratique à présent pour faire de l'exercice. Tu as de la chance, car ton moniteur n'est nul autre que Wan Cheng, l'un des plus grands maîtres de tai-chi.

Le tai-chi se fonde sur différents exercices ou diverses positions que l'on déploie avec lenteur, en des mouvements coulants. On a commencé à le pratiquer en Chine il y a près de 2 000 ans. Wan Cheng estime qu'une énergie qu'il nomme *chi* circule à l'intérieur de l'organisme humain. La moindre obstruction au niveau de la circulation de cette énergie peut entraîner des maladies ou des blessures. La pratique du tai-chi peut faciliter la circulation du *chi* dans ton organisme et améliorer ta santé et ton bien-être. Les adeptes affirment en outre que le tai-chi atténue le stress, fortifie les muscles et assouplit les articulations.

Afin de pratiquer le tai-chi, tu dois porter des vêtements amples et confortables qui te permettent de bouger et de t'étirer sans difficulté. D'ordinaire, on s'y adonne pieds nus et il est préférable de faire les exercices au grand air ou dans une pièce vaste.

Avant de commencer, Wan Cheng t'explique qu'il importe de maîtriser ta respiration pendant que tu fais les exercices. En premier lieu, détends-toi et libère ton esprit de toute pensée ou distraction. Inspire profondément et avec régularité par les voies nasales. Tu vas peut-être devoir t'y exercer jusqu'à ce que cela devienne un réflexe naturel. Lorsque tu inspires, ton diaphragme (le muscle mince et plat qui se trouve sous tes poumons) se bombe vers l'extérieur et vers le bas afin que tes poumons absorbent de l'air frais. Lorsque tu expires, ton diaphragme se contracte vers l'intérieur et vers le haut afin que tes poumons expulsent l'air. Wan Cheng te rappelle qu'une respiration bien mesurée est gage de tranquillité d'esprit.

À présent, te voilà prêt à faire le premier exercice. Wan Cheng dit qu'on l'appelle la position de l'écuyer, car elle rappelle un cavalier sur son cheval. Tu dois reprendre cette posture entre chaque exercice; alors, il importe que tu la maîtrises. Wan Cheng t'en fait la démonstration pendant que tu tentes de l'imiter.

## LA POSITION DE L'ÉCUYER

**1.** Aligne tes pieds en parallèle, directement sous les genoux, à une distance qui excède un peu la largeur de tes hanches.

**2.** Fléchis un peu les genoux et baisse ton postérieur comme si tu allais t'asseoir. Lorsque tu fais ce mouvement, ton centre de gravité devrait se trouver au milieu de ton corps.

**3.** Raidis le dos, la tête bien droite, et lève les bras devant, les paumes dirigées vers toi. Tes coudes doivent être détendus et quelque peu courbés comme si tu tenais les rênes d'un cheval ou si tu étreignais un arbre.

**4.** Inspire profondément, puis expire l'air afin de te détendre et de libérer toute tension. Reste dans cette position le plus long-temps possible. Au départ, tu ne tiendras probablement qu'une minute ou deux avant que tes jambes ne soient lasses. À mesure que les muscles de tes cuisses se fortifieront, tu seras capable de rester dans cette position plus longtemps.

**Conseil :** N'arrondis pas les épaules, mais essaie de te détendre. N'oublie pas qu'il faut adopter chaque position de tai-chi en un mouvement lent et coulant.

# PASSER LE CARNAVAL À RIO

Tu es arrivé dans la ville bruyante de Rio de Janeiro au Brésil en plein mois de février, au moment du carnaval. Les habitants se préparent à des réjouissances de quatre jours, au cours desquels ils vont chanter, danser et faire la fête avant d'amorcer le jeûne du carême.

Tu es venu participer au spectaculaire défilé des écoles de samba, le fait saillant de la semaine, qui a lieu en soirée, du dimanche au lundi. Au cours du défilé, des milliers de danseurs en costume rivalisant d'excentricité, des musiciens et des chars allégoriques représentant les différentes écoles de samba de la ville tentent de décrocher le titre de champions du carnaval.

Tu prendras part au défilé avec les danseurs de l'école Rio Grande, l'une des meilleures de la ville. Les autres élèves ont consacré plusieurs mois à la fabrication des chars et des costumes que vous porterez le long de Sambadrome, la longue avenue où vous défilerez.

Cette année, l'école Rio Grande a choisi comme thématique « la forêt pluviale » et, à mesure qu'approche le grand jour, les élèves achèvent la confection de costumes extravagants. Plusieurs d'entre eux personnifient des oiseaux exotiques, faits de plumes, de paillettes, de pompons et de brillants et leurs ailes sont ourlées de verroteries rouges, vertes et blanches.

Tu as répété les pas de la samba mais, avant de prendre part au défilé sur Sambadrome, il te faut un costume.

## CONFECTIONNE LA COIFFURE D'UN OISEAU DE PARADIS

### Il te faudra :

• un bout de ficelle • une règle • du carton
• des ciseaux • de la colle • du ruban adhésif
• des plumes de plusieurs couleurs et de tailles différentes
• des feutres • des brillants • des paillettes

**1.** Mesure ton tour de tête à l'aide de la ficelle. Pour ce faire, tiens une de ses extrémités sur ton front, à deux centimètres (0,8 po) au-dessus de tes sourcils et passe la ficelle tout autour de ta tête jusqu'à ce qu'elle revienne au point de départ. Tiens bien la ficelle à cet endroit et mesure-la entre ce point et l'extrémité à l'aide de la règle. Note la longueur de la ficelle.

**2.** Prends le carton et pose-le devant toi dans le sens de la longueur. Mesures à partir de la bordure gauche du carton, la longueur de la ficelle et indique nettement sa longueur.

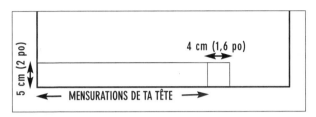

4 cm (1,6 po)

5 cm (2 po)

MENSURATIONS DE TA TÊTE

**3.** Mesure et trace une ligne qui marque une largeur de 5 centimètres (2 po) à partir de la bordure du carton. Elle te servira à tracer un rectangle de 5 centimètres (2 po) de largeur sur la longueur de la ficelle. Ajoute 4 centimètres (1,6 po) de plus à la droite du rectangle. L'excédent servira à attacher ta coiffure. Découpe la bande de carton.

**4.** Tourne la bande de carton et, à l'aide des feutres, dessine les motifs les plus colorés et les plus bizarres que tu puisses imaginer. Lorsque tout le blanc du carton est couvert de couleurs, déposes-y à intervalles réguliers des gouttes de colle que tu couvriras de brillants et de paillettes. Laisse la colle sécher.

**5.** Lorsque la colle est sèche, retourne le carton et dispose les plumes pour former un panache. Colle la plus longue au centre et décale les autres de chaque côté selon leur hauteur. Fixe-les avec du ruban adhésif.

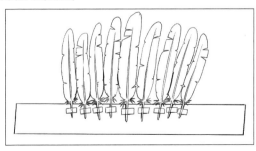

**6.** Courbe la bande de carton pour former un cercle, de telle sorte que les extrémités se chevauchent sur 4 centimètres (1,6 po) et colle-les à l'aide du ruban adhésif. Tu as maintenant une coiffure colorée qui devrait tenir sur ta tête.

**7.** Pose la coiffure sur ta tête et te voilà prêt à danser la samba au carnaval de Rio.

# MENER UN TROUPEAU DE RENNES EN LAPONIE

Tu entends le glissement d'un scooter sur la neige et, soudain, une silhouette vêtue d'un anorak bleu et rouge surgit à côté de toi. C'est Nils, ton guide lapon. Tu es venu dans le Grand Nord de la Norvège afin d'aider Nils et sa famille à mener leurs rennes en troupeau. Les Lapons sont les membres d'un peuple d'éleveurs de rennes qui vit dans le nord de la Scandinavie et en Russie. Après t'avoir servi une tasse de café bien corsé, Nils te raconte ce qu'est l'existence d'un gardien de troupeaux.

## CONNAISSANCES UTILES SUR LE RENNE

Au cours d'une année, les rennes se déplacent d'un endroit à l'autre à la recherche de frais pâturages et de lichens. Ils parcourent ainsi des centaines de kilomètres et les gardiens de troupeaux les suivent en scooter ou en skis.

Au cours de leurs déplacements, Nils et sa famille vivent sous une tente, appelée *lavvu*, qu'ils démontent chaque matin et qu'ils chargent sur un traîneau.

Les rennes se sont bien adaptés aux rudes conditions des steppes. Leur épais pelage les protège des grands froids, car il est fait de poils creux qui retiennent l'air chaud à proximité de leur peau. Leurs sabots sont larges et légèrement courbés afin de faciliter leur marche dans la neige et de leur permettre de creuser le sol à la recherche de végétaux enfouis.

## SUIVRE LE TROUPEAU

Pendant des siècles, les Lapons ont compté sur les rennes pour assurer leur transport et pour leur donner de la viande, du lait et des peaux permettant de confectionner des vêtements et de faire du commerce. Ils savent employer toutes les parties d'un renne, jusqu'aux tendons et aux boyaux, avec lesquels ils font du fil à coudre. Tu as rejoint Nils et les siens au moment de l'année où les rennes se dirigent vers les verts pâturages de la côte.

Lorsque vous arrivez à la côte, les rennes s'écartent du sentier pour aller paître. Tu peux te détendre un peu, mais il te faut parfois te précipiter à la rescousse d'un renne qui risque de tomber du haut d'une falaise ou en ramener un qui s'éloigne trop du troupeau. Les Lapons regroupent leurs bêtes à l'aide d'un lasso comme le font les vachers américains. Ils lancent la corde de telle sorte qu'elle forme une boucle autour de la ramure d'un renne. La corde forme un nœud particulier, appelé nœud coulant, qui se resserre autour des bois de l'animal lorsqu'on tire dessus. Nils t'enseigne à nouer une corde de manière à faire un lasso.

## COMMENT FAIRE UN LASSO

Les rennes commencent à entrer dans les terres à la recherche d'herbes et de champignons à brouter. Sur ton scooter, tu t'affaires à rechercher les rennes qui manquent et à regrouper le troupeau. Les bêtes de Nils ont une marque caractéristique aux oreilles, ce qui permet de les identifier facilement. Tu ramènes les traînards à l'aide de ton lasso.

**1.** Fais un nœud ordinaire à l'extrémité de ta corde. Il formera un tampon qui empêchera le lasso de se dénouer.

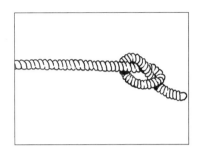

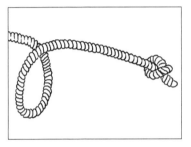

**2.** Forme une boucle comme celle-ci à l'aide de la corde.

**3.** Forme un coude à l'aide de la corde du côté du nœud que tu viens de former. Fais passer ce coude à l'intérieur de la boucle et resserre la boucle tout autour.

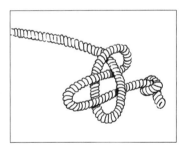

**4.** Fais passer l'extrémité libre de la corde à l'intérieur du coude et resserre la boucle tout autour. Voilà ton lasso!

# LE LANCER DU LASSO

À présent que tu sais nouer un lasso, le moment est venu de t'en servir. Selon Nils, il est préférable de s'exercer au lancer du lasso sur une souche d'arbre, car elle est immobile.

Il t'invite à prendre place à cinq mètres (16 ½ pieds) d'une souche de bonne taille et il te fait une démonstration.

**1.** Saisis la boucle de ta main droite et tiens-la à environ 10 centimètres (4 pouces) du nœud. Desserre la boucle jusqu'à ce qu'elle fasse environ un mètre (40 pouces) de diamètre.

**2.** La corde doit être enroulée afin qu'elle se déploie sans entrave lorsque tu lanceras la boucle. Tiens la botte de corde de la main gauche.

**3.** Fais tournoyer le lasso dans les airs au-dessus de ta tête en tournant ton poignet dans le sens des aiguilles d'une montre.

**4.** Lorsque tu es prêt au lancer, avance vite en direction de la souche. Libère la corde qui tournoie en portant ton bras vers l'avant, à la hauteur des épaules, au moment où tu lâches prise.

**5.** Si tu l'as bien lancée, la boucle devrait voler vers la cible et l'encercler. Le cas échéant, tire sur l'extrémité de la corde qui se trouve dans ta main gauche afin de resserrer la boucle.

**6.** Lorsque la boucle est bien serrée, ne lâche pas la corde. La souche d'arbre n'ira nulle part, mais un renne risque fort de se sauver et d'emporter la corde avec lui.

# LA TRAVERSÉE DU DÉTROIT DE BÉRING

Te voici à l'un des endroits les plus sauvages sur terre, les côtes du cap Prince-de-Galles en Alaska, un État américain. Il s'agit du point de l'extrême-ouest de l'Amérique du Nord. À seulement 85 kilomètres (53 milles) plus à l'ouest se trouve le cap Dejnev, au nord-est de la Russie. Le vent mugit dans tes oreilles et le froid est cinglant. Tu es ici pour participer à une aventure extraordinaire. Tu escomptes traverser le détroit de Béring.

Le détroit de Béring est un bras de mer entre l'Asie et l'Amérique du Nord. Il relie la mer des Tchouktches (une étendue de l'océan Arctique, au nord) à la mer de Béring (une étendue de l'océan Pacifique, au sud). En son centre se trouvent les îles Diomède où tu peux faire escale et te reposer. Bien qu'il semble minuscule sur une carte, le détroit de Béring est un endroit très dangereux. Les eaux y sont agitées et traîtresses et, l'hiver venu, il est couvert d'une glace sans cesse en mouvement et encline à se lézarder. Malgré le danger, plusieurs ont cherché à le traverser de diverses manières, notamment à skis, en kayak, à l'aviron et même à bord d'un avion ultraléger. Tes compagnons d'aventure et toi optez pour la marche et la natation.

## LES PRÉPARATIFS DE DÉPART

• Emballe tes aliments, tes vêtements et ton matériel et monte-les à bord d'un traîneau. Il te faudra un système mondial de positionnement (GPS) afin de savoir où tu te trouves et un téléphone par satellite pour rester en communication avec l'équipe de soutien et pour connaître les conditions météorologiques qui t'attendent. Tu dois porter un vêtement étanche (une combinaison qui couvre l'ensemble du corps de bandes de caoutchouc, ajustée au cou, aux poignets et aux pieds) pour te protéger de l'eau glaciale. Il te faudra en outre un gilet de sauvetage, un piolet (regarde à la page 34), une tente et un sac de couchage.

## MARCHE SUR LA GLACE MINCE

• Décide de ta trajectoire sur les champs de glace. Avance sur les morceaux de glace les plus gros et les plus plats que tu puisses trouver et tire le traîneau derrière toi aussi longtemps que tu le pourras. Prête l'oreille aux grincements, aux grognements, aux hurlements et aux sons stridents qui annoncent que la glace fond. La force des courants et des vents dans le détroit de Béring peut provoquer la scission de la glace et l'ouverture de passages qui t'empêcheront d'aller plus loin.

• Lorsque l'obscurité est trop épaisse pour que tu puisses avancer, trouve un morceau de glace stable et installe ta tente. Reste à bonne distance de la bordure. Avant d'entrer dans ton sac de couchage, tapisse-le d'un pare-vapeur qui est semblable à un grand sac de plastique. Il empêchera l'humidité de ton corps de geler à l'intérieur du sac de couchage et de l'emplir de givre.

• Prépare-toi à plusieurs contretemps. Si le vent se lève, la banquise pourra dériver en direction contraire de l'endroit où tu souhaites te rendre. Il est très déroutant de se lever un matin et de constater que l'on se trouve à des kilomètres de là où on était la veille. C'est alors que le système mondial de positionnement te sera utile. Consulte-le afin de connaître la direction que tu dois prendre.

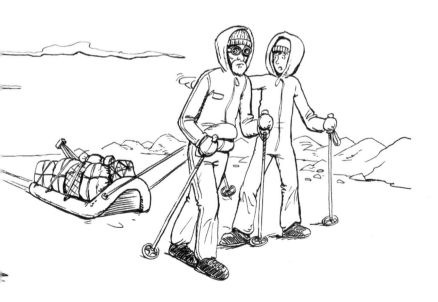

## BAIN DE MER

• Si un passage s'ouvre devant toi, tu n'as d'autre choix que d'y plonger et de nager. Sois prudent, car l'eau est glaciale et peut faire jusqu'à 50 mètres (165 pieds) de profondeur. Ta combinaison étanche devrait te protéger, mais tu devrais rester à l'eau le moins longtemps possible. Saute et commence à nager en tirant le traîneau derrière toi. Lorsque tu atteins l'autre banquise, sers-toi du piolet pour t'aider à y prendre pied.

• En plus du froid glacial, des courants violents et de l'humeur du temps, méfie-toi des ours polaires affamés. Ils vivent sur les banquises. En général, ils mangent des phoques, mais lorsque leur garde-manger est vide, ils ne répugnent pas à manger des explorateurs. Si tu t'estimes en danger, n'hésite pas à te servir du téléphone par satellite afin d'appeler un hélicoptère à la rescousse.

# AFFRONTER LE BLIZZARD EN ANTARCTIQUE

Tu atterris en Antarctique au beau milieu de l'hiver. Il y règne un froid mordant et un vent glacé siffle en rafales. Une mer de glace s'étend à perte de vue. Tu appartiens à une mission de scientifiques chargée d'étudier une colonie de manchots empereurs et ces oiseaux robustes se reproduisent en hiver sur les glaces de l'Antarctique. Au moment où tu sors de ta tente afin d'entamer la longue marche en direction de la colonie, un blizzard monte. Tu cours un danger.

Un blizzard est une tempête de neige extrêmement dangereuse, alimentée par un vent violent qui soulève la neige à la surface de la glace et forme des tourbillons. Malheureusement pour toi, l'Antarctique est l'une des régions parmi les plus venteuses de la terre et les blizzards y frappent souvent et fréquemment. Tu te trouves au centre d'un blizzard des plus dangereux, le voile blanc. En raison de la tempête de neige, la visibilité est nulle et tout semble blanc dehors. Tu ne peux distinguer la terre du ciel.

Tu es assailli par d'épais nuages de neige tourbillonnants et tu as du mal à entendre ce qui se passe autour de toi et à respirer. Ce blizzard peut passer rapidement, mais d'autres peuvent s'étaler sur une semaine. Afin de pouvoir t'en sortir, tu dois conserver ton calme et suivre quelques consignes de sécurité.

## CONSIGNES DE SURVIE EN CAS DE BLIZZARD

• Si tu es sous la tente au moment où monte le blizzard, assieds-toi et attends que le vent se calme. Si tu es tenu de sortir, noue une extrémité d'une corde à la tente et l'autre à ta taille. Il est facile de perdre son chemin dans un blizzard et, de cette manière, tu pourras revenir sur tes pas. Sois prudent, car le vent est suffisamment puissant pour te faire perdre pied.

• Si tu te retrouves coincé à l'extérieur, couvre ta bouche pour éviter d'avaler une trop grande quantité de neige et de t'étouffer. Cette précaution empêchera en outre que trop d'air glacial n'entre dans tes poumons.

• Essaie de trouver un abri. Le plus longtemps tu resteras au froid, le plus tu risqueras de faire de l'hypothermie (regarde à la page 37) ou des gelures. Creuse un tunnel ou une tranchée dans la neige afin de te protéger du vent (regarde à la page 47).

• Si les vents sont si forts que tu ne parviens pas à dresser ta tente, forme un pare-vent à l'aide de traîneaux et de sacs à dos et réfugie-toi derrière. Enveloppe-toi de la tente ou de ton sac de couchage.

• Ne mange pas de neige, même si tu as soif. Elle ferait chuter la température de ton corps et tu aurais encore plus froid. Fais fondre la neige en premier lieu. Tu devras boire une grande quantité d'eau pour éviter de te déshydrater.

# COMMENT ÉVITER LES GELURES

Les gelures sont un autre danger qui guette les visiteurs dans l'Antarctique. Une gelure est une lésion très grave causée par le froid qui atteint surtout les doigts, le nez, les oreilles, les joues, le menton et les orteils. La peau devient si froide qu'elle gèle et, parfois, les lésions sont permanentes; il faut alors procéder à l'amputation du membre touché.

• Au départ, la peau rougit peu à peu. Tu peux sentir quelques picotements avant qu'elle ne s'engourdisse. Sinon, la peau pâlit jusqu'à devenir blanche ou elle jaunit et sa texture devient cireuse ou ferme. Voilà autant de signes avant-coureurs que les gelures te guettent.

• En raison de l'engourdissement des membres, tu peux ignorer que les gelures s'installent jusqu'à ce que l'un de tes compagnons le remarque. Ne tarde pas à te soigner. Plonge le membre en cause dans de l'eau tiède (mais pas chaude) afin qu'il dégèle ou qu'il se réchauffe.

• Il ne faut jamais frotter ou masser un membre gelé, ni se servir d'une lampe à rayons infrarouges ou d'un coussin chauffant

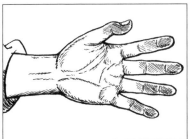

pour le réchauffer. La peau engourdie pourrait brûler sans que tu t'en aperçoives et la blessure s'aggraverait davantage.

# ÉCHAPPER À UN OURAGAN DANS LES CARAÏBES

Après ton périple autour du monde, quoi de mieux pour te détendre que de longues vacances au soleil ? Tu te trouves dans les Caraïbes, dans l'île de Grenade. Tu as choisi cette destination à cause de ses longues plages de sable blanc et de son chaud climat tropical.

Par un beau matin, alors que tu prends ton petit déjeuner, tu entends à la radio qu'un ouragan se forme à l'horizon et on prévient la population de se préparer en conséquence. Tu demandes à Léa, la permanente locale, ce que tu dois faire au juste.

## NAISSANCE D'UN OURAGAN

Léa explique que les ouragans sont des tourbillons de vent violent. Ils sont provoqués par la mer qui réchauffe l'air qui la surplombe. Cet air chaud s'élève haut dans le ciel, emportant avec lui des gouttelettes de vapeur. Alors que monte l'air chaud, l'air froid prend sa place, ce qui donne lieu à des vents puissants. L'air chaud refroidit à mesure qu'il monte et les gouttelettes se condensent jusqu'à former des gouttes d'eau et de lourds nuages. L'air circule alors en un vaste mouvement circulaire qui accélère de plus en plus et produit des vents pouvant atteindre la vitesse de 250 kilomètres (155 milles) par heure.

Les ouragans sont nombreux dans les Caraïbes entre les mois de juillet et octobre et ils occasionnent beaucoup de dégâts. Afin d'évaluer l'ampleur d'un ouragan, on mesure la vitesse du vent et on établit sa gravité en fonction de l'échelle de Saffir-Simpson.

## L'ÉCHELLE DE SAFFIR-SIMPSON

| Catégorie | Vitesse du vent | Dégâts occasionnés |
|---|---|---|
| Un | 119-153 km/h (74-95 mi/h) | Légers bris d'arbres, de panneaux indicateurs et de maisons mobiles. |
| Deux | 154-177 km/h (96-109 mi/h) | Légers bris de toitures, de jetées et de portes. Quelques arbres abattus. |
| Trois | 178-209 km/h (110-129 mi/h) | Dommages importants aux fenêtres, portes et toitures. Inondations le long de la côte. |
| Quatre | 210-249 km/h (130-154 mi/h) | Quelques immeubles, tous les arbres et tous les panneaux de signalisation écroulés. Maisons mobiles détruites. Risque d'inondation dans toutes les régions qui se trouvent à moins de trois mètres (10 pieds) sous le niveau de la mer. |
| Cinq | 250 km/h (155 mi/h) et plus | Nombre de toitures arrachées. Graves dommages aux résidences et aux immeubles. Nombreuses inondations. |

## CONDAMNER LES OUVERTURES DES BÂTIMENTS

Léa demande ton aide afin de rentrer tout ce que le vent pourrait emporter. Ensemble, vous déplacez l'ameublement qui entoure la piscine et les tabourets du petit restaurant pour les mettre à l'abri à l'intérieur. Vous fermez les fenêtres et leurs contrevents avant de les verrouiller et tu placardes les fenêtres sans volets afin de les protéger des débris qui voleront au vent. Si les fenêtres restaient ouvertes au cours d'un ouragan, le vent entrerait dans la maison et pourrait faire monter la pression atmosphérique à un point tel que le toit pourrait exploser.

Lorsque tu as assujetti tout ce que tu as pu, Léa dit qu'il est dangereux de rester à l'extérieur, car le vent a forci et le ciel s'est assombri. Vous rentrez à l'hôtel et vous rejoignez les autres clients réunis dans la salle à manger. Elle fait l'abri idéal, car elle se trouve au centre de l'immeuble et ne compte aucune fenêtre susceptible de se briser.

# LA FURIE DU VENT

Alors que vous trouvez refuge dans la salle à manger, tu entends le vent souffler au-dehors, rugir autour de l'hôtel. Il tourbillonne avec une telle force que tu as du mal à entendre ce que disent les autres. Il te semble en colère pendant un long moment. Soudain, le calme revient. Ouf ! Tu crois que l'orage est passé, mais Léa te conseille de rester où tu es. Elle dit que vous êtes dans l'œil de la tempête, au centre du tourbillon où il y a peu de pluie et de vent. Les intempéries reprendront de plus belle dès que l'œil se déplacera.

Vous restez tous où vous êtes et bientôt tu entends le vent forcir et se déchaîner comme avant. L'ouragan souffle toute la nuit et, malgré le vacarme, tu parviens à dormir un peu.

# CONSTAT DES DÉGÂTS

Au matin, le calme règne dans la salle à manger et les clients de l'hôtel se réveillent peu à peu. L'ouragan est passé et vous sortez de l'immeuble afin de constater les dégâts. Des arbres ont été déracinés et les toits de quelques dépendances ont été gravement abîmés. Les fenêtres doublées de contrevents semblent en bon état, mais plusieurs planches se sont détachées des autres et les carreaux ont volé en éclats.

Selon Léa, vous avez eu beaucoup de chance et les dégâts sont plutôt limités cette fois. Ils auraient pu être considérables – des villages et des villes sont parfois détruits et nombre de gens sont blessés ou se trouvent sans abri pendant plusieurs mois avant qu'on ne dégage les décombres.

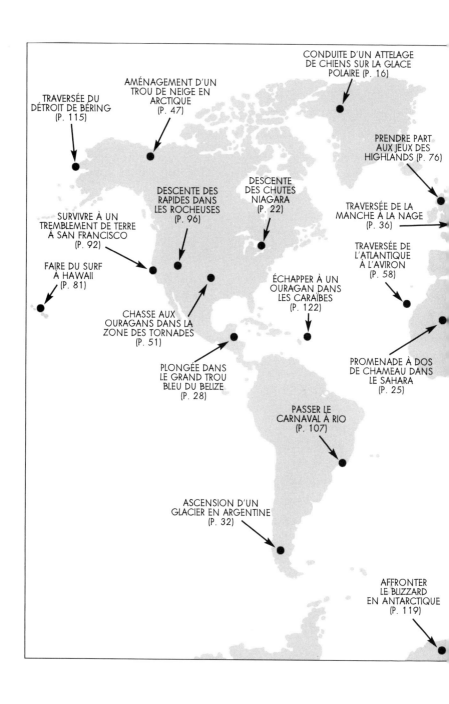

CONDUITE D'UN ATTELAGE
DE CHIENS SUR LA GLACE
POLAIRE (P. 16)

AMÉNAGEMENT D'UN
TROU DE NEIGE EN
ARCTIQUE
(P. 47)

TRAVERSÉE DU
DÉTROIT DE BÉRING
(P. 115)

PRENDRE PART
AUX JEUX DES
HIGHLANDS (P. 76)

DESCENTE DES
RAPIDES DANS
LES ROCHEUSES
(P. 96)

DESCENTE
DES CHUTES
NIAGARA
(P. 22)

TRAVERSÉE DE LA
MANCHE À LA NAGE
(P. 36)

SURVIVRE À UN
TREMBLEMENT DE TERRE
À SAN FRANCISCO
(P. 92)

TRAVERSÉE DE
L'ATLANTIQUE
À L'AVIRON
(P. 58)

FAIRE DU SURF
À HAWAII
(P. 81)

ÉCHAPPER À UN
OURAGAN DANS
LES CARAÏBES
(P. 122)

CHASSE AUX
OURAGANS DANS LA
ZONE DES TORNADES
(P. 51)

PROMENADE À DOS
DE CHAMEAU DANS
LE SAHARA
(P. 25)

PLONGÉE DANS
LE GRAND TROU
BLEU DU BELIZE
(P. 28)

PASSER LE
CARNAVAL À RIO
(P. 107)

ASCENSION D'UN
GLACIER EN ARGENTINE
(P. 32)

AFFRONTER
LE BLIZZARD
EN ANTARCTIQUE
(P. 119)

# OÙ SUR TERRE?

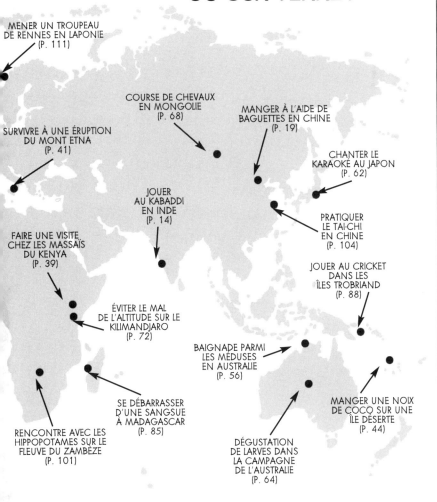

MENER UN TROUPEAU
DE RENNES EN LAPONIE
(P. 111)

COURSE DE CHEVAUX
EN MONGOLIE
(P. 68)

MANGER À L'AIDE DE
BAGUETTES EN CHINE
(P. 19)

SURVIVRE À UNE ÉRUPTION
DU MONT ETNA
(P. 41)

CHANTER LE
KARAOKÉ AU JAPON
(P. 62)

JOUER
AU KABADDI
EN INDE
(P. 14)

PRATIQUER
LE TAI-CHI
EN CHINE
(P. 104)

FAIRE UNE VISITE
CHEZ LES MASSAÏS
DU KENYA
(P. 39)

JOUER AU CRICKET
DANS LES
ÎLES TROBRIAND
(P. 88)

ÉVITER LE MAL
DE L'ALTITUDE SUR LE
KILIMANDJARO
(P. 72)

BAIGNADE PARMI
LES MÉDUSES
EN AUSTRALIE
(P. 56)

SE DÉBARRASSER
D'UNE SANGSUE
À MADAGASCAR
(P. 85)

MANGER UNE NOIX
DE COCO SUR UNE
ÎLE DÉSERTE
(P. 44)

RENCONTRE AVEC LES
HIPPOPOTAMES SUR LE
FLEUVE DU ZAMBÈZE
(P. 101)

DÉGUSTATION
DE LARVES DANS
LA CAMPAGNE
DE L'AUSTRALIE
(P. 64)

## AUTRES TITRES DE LA COLLECTION: